2.2.5 翻转照片制作镜像效果

那时花开
Linda Walker美丽的花卉摄影

3.1.5 去除照片中的污渍

2.2.6 裁剪照片制作宝丽来图像效果

3.2.5 调整褪色的彩色照片

3.4.4 用模糊处理杂乱的背景

3.3.4 去除照片中的噪点

4.1.5 突出细节的照片锐化处理

4.1.6 对照片的整体进行锐化

3.3.3 消除紫边

4.2.4 快速还原真实的照片色彩

4.2.5 消除多余的杂点

5.1.6 修复整体曝光不足的照片

6.1.3 增强照片自然的色彩

5.1.7 修复灰蒙蒙的风景照片

6.1.4 低饱和度照片的艺术效果

6.2.7 制作微型景观特殊效果

7.1.5 设置简单的黑白照片

7.1.6 设置层次分明的黑白照片

7.3.3 为黑白照片设置艺术画效果

8.1.4 为照片添加主题文字

7.2.5 精细的为照片进行上色

8.2.5 制作立体的文字效果

8.2.4 创建流动的文字效果

8.3.3 为照片添加时尚花纹边框

9.1.3 抠出人物发丝效果

9.2.3 为照片替换新的背景效果

9.2.4 制作艺术与写实的照片合成效果

9.3.3 合成图像为人像照片添加光斑

9.4.3 制作有趣的场景的合成效果

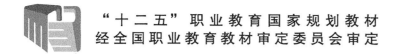

"十二五"职业教育国家规划教材

经全国职业教育教材审定委员会审定

边做边学
——Photoshop CS6
数码艺术照片后期处理教程

丛艺菲 李权 ◎ 主编

姚磊磊 王梅 张璐璐 ◎ 副主编

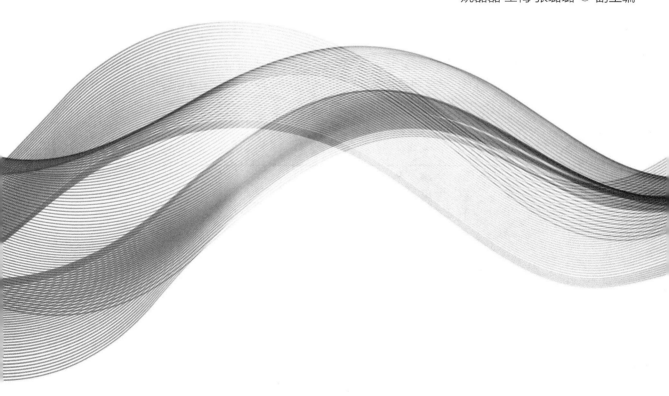

人民邮电出版社

北 京

图书在版编目（ＣＩＰ）数据

Photoshop CS6数码艺术照片后期处理教程 / 丛艺菲，
李权主编. -- 北京 ： 人民邮电出版社，2017.3（2023.8重印）
（边做边学）
"十二五"职业教育国家规划教材
ISBN 978-7-115-39159-9

Ⅰ. ①P… Ⅱ. ①丛… ②李… Ⅲ. ①图象处理软件－
高等职业教育－教材 Ⅳ. ①TP391.41

中国版本图书馆CIP数据核字(2015)第214788号

内 容 提 要

　　本书是为想要学习 Photoshop 数码照片处理的读者量身打造的一本实用型技法图书，作者结合多年的数码照片处理实战经验，从初学者的视角出发，以基础知识加典型实例的方式进行创作的，能够帮助读者快速学习到更多有用的数码照片处理技法。

　　全书共 9 章，分别讲解了认识 Photoshop CS6、数码照片的裁剪和旋转、数码照片的修复技术、照片的锐化和润饰、数码照片的光影处理、数码照片的艺术调色技术、黑白照片与彩色照片的转换、为数码照片添加文字及图形、数码照片的抠图与合成艺术等内容。全书从摄影的角度讲解了 Photoshop 中与数码照片处理相关的软件处理知识，帮助读者学习知识的同时提高数码照片处理技能。

　　本书适合作为职业院校平面设计专业、广告设计专业、计算机应用专业、多媒体技术专业、动画设计专业等相关专业的"图形图像处理"课程的教材，也可以作为平面设计从业人员、数码摄影工作人员的辅助用书。

◆ 主　　编　丛艺菲　李　权
　　副 主 编　姚磊磊　王　梅　张璐璐
　　责任编辑　马小霞
　　执行编辑　王　平
　　责任印制　焦志炜

◆ 人民邮电出版社出版发行　北京市丰台区成寿寺路 11 号
　　邮编　100164　电子邮件　315@ptpress.com.cn
　　网址　http://www.ptpress.com.cn
　　固安县铭成印刷有限公司印刷

◆ 开本：787×1092　1/16　　　彩插：2
　　印张：14.25　　　　　　　2017 年 3 月第 1 版
　　字数：354 千字　　　　　　2023 年 8 月河北第 12 次印刷

定价：45.00 元（附光盘）
读者服务热线：(010)81055256　印装质量热线：(010)81055316
反盗版热线：(010)81055315
广告经营许可证：京东市监广登字20170147号

前　言

Photoshop 软件是一款专业的图像处理软件，广泛应用于平面设计、广告设计等领域，在数码照片处理应用中表现更加突出。职业院校积极面对企业的人才需求，均开设了 Photoshop 课程，其中教材是教学内容中不可缺少的部分。本书根据教育部最新教学标准要求编写，邀请行业、企业专家和一线课程负责人一起，从人才培养目标、专业方案等方面做好顶层设计，明确专业课程标准，强化专业技能培养，安排教材内容；提炼了关于照片处理和 Photoshop CS6 软件操作的所有重要知识点，从照片的基本编辑、照片影调的调整、照片的修补和润饰各个方面的内容，全方位地剖析了数码照片后期处理技法，力求达到"十二五"职业教育国家规划教材的要求，提高职业院校专业技能课的教学质量。

本书的内容安排

本书共 9 章，详细讲解了数码照片后期处理所涉及的方方面面，让读者一目了然。第 1 章介绍照片处理软件 Photoshop CS6 的特色功能、工作界面构成和简单的文件操作；第 2 章介绍数码照片的裁剪和旋转，通道裁剪和旋转图像，调整画面构图效果；第 3 章介绍数码照片的修复技术，包括破损旧照片的修复、色彩失真的照片处理、消除照片中的瑕疵处理、杂乱的照片背景修复等内容，通过设置快速修复照片中的各类瑕疵；第 4 章介绍数码照片的锐化和润饰，包括高品质的图像锐化技术、图像的快速润饰等知识，经过处理让照片展现完美状态；第 5 章介绍数码照片的光影处理，通过调整照片的曝光、对比等，修正照片中的光影，让照片的影调更出色；第 6 章介绍数码照片的艺术调色技术，通过各种调整命令的配合，完善照片色彩，制作出一幅幅色调鲜明的摄影作品；第 7 章介绍黑白照片与彩色照片转换，使读者能够轻松地在彩色照片与黑白照片之间进行快速转换；第 8 章介绍为数码照片添加文字和图形，通过输入文字、变形、绘制图形等方式，使照片呈现出更丰富的效果；第 9 章介绍数码照片的抠图与合成，利用不同的素材照片进行抠取与拼合，实现数码照片的艺术化大变身。

本书主要特色

● **案例丰富、与知识联系紧密**

本书每个章节中都穿插了实例精练。这些小实例与每小节所讲的知识紧密联系起来，让读者通过大量的实战应用，迅速消化之前所学内容，掌握更多实用的数码照片处理技能。

● **形式新颖、利于学习**

本书在介绍知识点的同时，将一些操作技术以技巧点拨、知识补充的形式提炼出来，帮助读者解决更多的操作难点、问题，使读者进一步理清所学知识点。

● **体例丰富、内容更全面**

本书在每个章节后面都添加了一个技能训练和课后习题，让读者进一步巩固每个章节所学知识，引导读者完成更多不同类别的照片处理过程。

● **资源丰富、配备光盘**

本书提供电子课件、习题答案等教学资源，读者可登录人邮教育社区（www.ryjiaoyu.com）下载资源。在所配光盘中完整地收录了书中使用到的素材和 PSD 源文件，读者在阅读书籍的同时可跟随光盘进行演练，更直观有效地掌握数码照片的处理技法。

本书由丛艺菲和李权任主编，姚磊磊、王梅和张璐璐任副主编，由于编者水平有限，时间仓促，书中难免出现纰漏和不妥之处，敬请广大读者提出宝贵意见。

编　者
2016 年 10 月

目　　录

第1章
认识 Photoshop CS6

Photoshop CS6 改进了许多功能，在运用它进行照片处理前，需要对 Photoshop CS6 有一定的了解，知道其界面构成、如何打开图像、存储图像等。

本章的重要概念有：Photoshop CS6 的新功能体验、认识 Photoshop CS6 的工作界面、对图像的简单操作。

本章知识点：

☑ Photoshop CS6 的新功能体验
☑ 认识 Photoshop CS6 的工作界面
☑ 对图像的简单操作

1.1 Photoshop CS6 的新功能体验

Photoshop CS6 除保留了 Photoshop CS5 的全部功能外，新添加了许多工具和菜单命令，在新功能中简化了以往相对比较复杂的操作，对某些操作添加了自动识别的功能，也增加了一些常用命令的快捷键。

1.1.1 增强的"裁剪工具"

Photoshop CS6 对"裁剪工具"的功能进行了调整。图像在裁剪后不仅可以保留被裁剪区域的像素，而且可以重新还原到原图像中。用户对图像进行裁剪修改，可让图像变得更加简单。同时增强的"裁剪工具"还可以自由校正歪斜的图像。打开一张倾斜的照片，使用"裁剪工具"在图像边缘绘制裁剪框，如图 1-1 所示，单击"拉直"按钮后，使用鼠标在画面中沿地平线拖延，如图 1-2 所示，释放鼠标后可以看到"裁剪工具"自动拉直了画面，如图 1-3 所示。

图 1-1　　　　　　　　　　图 1-2　　　　　　　　　　图 1-3

1.1.2 全新的"裁剪透视工具"

在裁剪工具组中增加了"透视裁剪工具"，用于帮助用户更准确地校正照片中的透视效果。"透视裁剪工具"位于"裁剪工具"的隐藏菜单中，如图 1-4 所示，选择"透视裁剪工具"在图像中单击并拖曳绘制出矩形裁剪框后，使用鼠标在裁剪框控制点上单击并拖曳，调整裁剪框，如图 1-5 所示；确认裁剪后，可查看到校正了透视角度后的画面效果，如图 1-6 所示。

图 1-4　　　　　　　　　　图 1-5　　　　　　　　　　图 1-6

「十二五」职业教育国家规划教材

1.1.3 新增的"混合工具"

在修复画笔工具组中增添了全新的"混合工具"。此工具主要用于混合被选区域内的图像。在混合选区图像时,不但可以选择不同的混合模式进行混合,同时也能更好地保留画面的完整性。在工具箱中选中"混合工具"后,在需要修改的图像区域内创建出选区,如图 1-7 所示;然后拖曳移动选区内容,Photoshop CS6 将自动填充被移动区域内的图像,如图 1-8 所示;释放鼠标,即可进行图像的完美混合,如图 1-9 所示。

图 1-7   图 1-8   图 1-9

1.1.4 改进的"图层"面板

"图层"面板是 Photoshop 最为常用的面板之一,Photoshop CS6 对"图层"面板也作了相应的改进,增加了图层类型选项,可根据不同类型选择图层、按名称选择图层以及按属性选择图层等。通过有针对性地选取图层,帮助用户在图层较多时快速选择需要的图层内容。图 1-10 所示为默认打开的"图层"面板,当在类型选项区中单击相应按钮时,则会在面板中显示相应类型的图层。图 1-11 所示即为单击"调整图层"按钮后显示的所有调整图层。

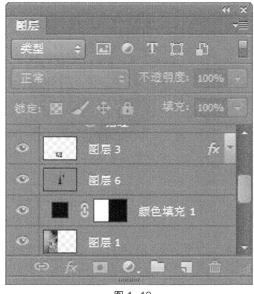 

图 1-10   图 1-11

1.1.5 增强的模糊滤镜

模糊滤镜可以为画面创建各种不同效果的模糊画面。在 Photoshop CS6 中，为了便于操作，对模糊滤镜组中的滤镜进行了归类处理，并添加了 3 个全新滤镜，包括固定模糊滤镜、光圈模糊滤镜、Tilt-Shift 滤镜，选择不同的滤镜可以设置不同的滤镜效果。执行"滤镜模糊固定模糊"滤镜，将会打开图 1-12 所示的面板，在面板中可分别对 3 个滤镜选项进行设置，如图 1-13 所示。

图 1-12

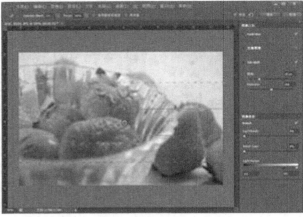

图 1-13

1.1.6 新增的"计数工具"

Photoshop CS6 在"吸管工具"隐藏菜单中添加了一个新的"计数工具"，用于在图像处理中记录需要的一些信息，使用该工具在画面中单击即可按数字顺序出现计数标记，并同时在"信息"面板中显示相应的数据信息。在画面中每创建一个计数标记，都清晰地显示在工具选项栏中，如图 1-14 所示。在画面中单击一次，创建一个计数标记，如图 1-15 所示；在画面中连续单击，即可在选项栏中显示创建的计数标记。

图 1-14

图 1-15

1.1.7 全新的"属性"面板

Photoshop CS6 中新增的"属性"面板集中了对图像的属性设置选项，包括填充图层和蒙版的设置选项。当为图层创建了调整图层或蒙版后，在"属性"面板中就会显示相应的设置选项，可以保留设置的选项内容，并能重复修改。为图层创建一个调整图层后，"属性"面板如图 1-16 所示。该选项用于在面板中切换调整图层设置选项和蒙版选项的显示，默认显示的为调整图层的设置选项，并显示调整图层名称。单击"蒙版"按钮 后即可显示"蒙版"设置选项，如图 1-17 所示；再次单击调整图层名称后，切换到调整图层设置选项中，如图 1-18 所示。

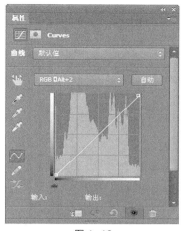

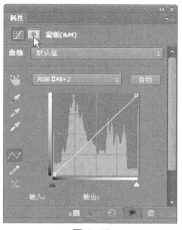

图 1-16　　　　　　　　　　　图 1-17　　　　　　　　　　　图 1-18

1.1.8　新增的"创建"面板

Photoshop CS6 中新增了"创建"面板，用于快速创建调整图层、蒙版和填充图层，执行"窗口>创建"菜单命令，即可打开默认的"创建"面板，如图 1-19 所示，用户也可以根据需要在"创建"面板中选择创建的内容，如蒙版、填充等。单击"创新"面板上方的下拉按钮，在打开的下拉列表中可创建的内容包括"调整""蒙版"或"填充"三个选项，默认情况下显示的为"调整"选项的内容。在下拉列表中选择"蒙版"时，可看到显示的"蒙版"选项，如图 1-20 所示；在下拉列表中选择"填充"选项时，可看到面板显示的"填充"选项，如图 1-21 所示。

图 1-19　　　　　　　　　　　图 1-20　　　　　　　　　　　图 1-21

1.2　认识工作界面

Photoshop CS6 的工作界面与之前的 CS5 相比，整个操作界面有了较大的变化，虽然也包括了菜单栏、工具箱、选项栏等，但却更换了界面的颜色和工具图标按钮。最明显的区别是在操作窗口下方添加了"动画（时间轴）"面板组，使得整个界面看起来更加紧凑，也方便用户应用该面板进行图像的编辑与制作。

1.2.1　认识工具箱

打开 Photoshop CS6 查看工作界面。在界面的左边为工具箱，如图 1-22 所示。工具箱将 Photoshop 的功能以图标的形式展示出来，单击鼠标右键查看隐藏工具。

『十二五』职业教育国家规划教材

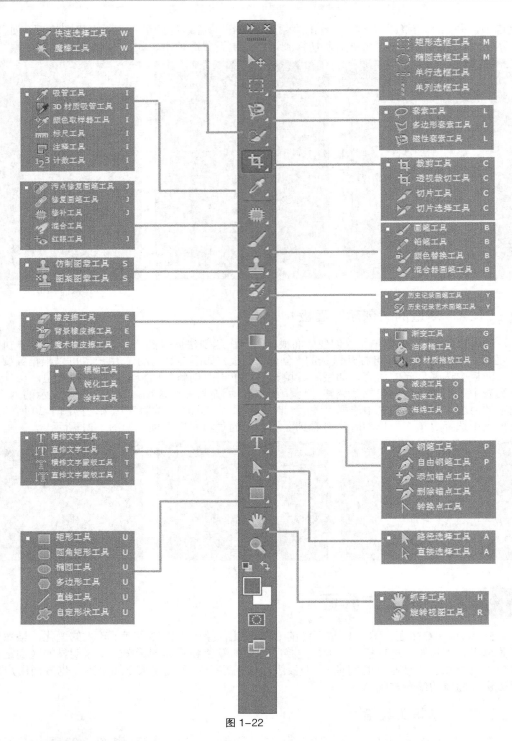

图 1-22

1.2.2 了解菜单命令

Photoshop CS6 的菜单栏列出了用于编辑图像的所有菜单命令，其中包括"文件""编辑""图像""图层""文字""选择""滤镜""3D""视图""窗口""帮助" 11 个菜单命令，如图 1-23 所示。

文件(F)　编辑(E)　图像(I)　图层(L)　文字　选择(S)　滤镜(T)　3D　视图(V)　窗口(W)　帮助(H)

图 1-23

"文件"菜单包括最基本的菜单命令，包括新建、打开、存储文件等。单击菜单栏中的"文件"按钮，打开下拉列表菜单，如图 1-24 所示。"编辑"菜单中提供了对图像进行基本编辑的命令，包括填充、变换、定义图案等，打开下拉列表菜单，如图 1-25 所示。"图像"菜单主要用于数码照片的处理操作，其中包括模式、调整、计算等，打开下拉列表菜单，如图 1-26 所示。

图 1-24　　　　　　　　　图 1-25　　　　　　　　　图 1-26

"图层"菜单是主要针对图层的菜单命令，它提供了图像合成效果，打开下拉列表菜单，如图 1-27 所示。"选择"菜单命令是针对图像中选区应用的命令，其中包括在图像的特定部分创建选区，打开下拉列表菜单，如图 1-28 所示。"滤镜"菜单命令是 Photoshop 中比较重要的，"滤镜"菜单中的命令提供了 100 多种不同的图像特效，打开下拉菜单列表，如图 1-29 所示。

图 1-27　　　　　　　　　图 1-28　　　　　　　　　图 1-29

"3D"菜单用于编辑和绘制 3D 图像，打开下拉列表菜单，如图 1-30 所示。"视图"菜单中的各种查看命令是对 Photoshop 视图查看的调整，并不能对图像直接进行操作，打开下拉菜单列表，如图 1-31 所示。"窗口"菜单中的选项是图像编辑时使用的面板选项，可有效地显示并控制图像的方法和提高工作效率，打开下拉菜单列表，如图 1-32 所示。"帮助"菜单中的选项用于帮助用户了解 Photoshop 的帮助选项，如图 1-33 所示。

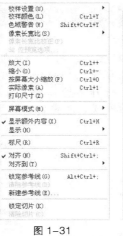

图 1-30　　　　　　图 1-31　　　　　　图 1-32　　　　　　　　图 1-33

1.2.3　认识面板

面板默认出现在 Photoshop 工作界面的下方和右侧，主要用于设置和修改图像。在编辑图像时，可以根据不同的素材选取合适的面板对画面进行编辑。Photoshop CS6 一共提供了 26 个"面板"，以下对照片处理中常用的一些面板进行介绍。

❶　"样式"面板和"信息"面板

"样式"面板用于制作样式图标。单击面板中的样式即可制作出应用特效的图像，如图 1-34 所示。

"信息"面板以数值形式显示图像信息，将鼠标的光标移至图像上，就会显示图像的颜色信息，如图 1-35 所示。

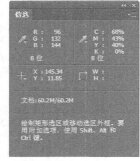

图 1-34　　　　　　　　　　　　　图 1-35

❷　"颜色"面板和"色板"面板

"颜色"面板主要用于设置前景色和背景色颜色。在面板中单击右侧的前景色色块即可设置前景色，单击背景色色块即可设置背景色，如图 1-36 所示。

"色板"面板主要用于对颜色的设定。单击色板选项卡，即可查看到"色板"面板，如图 1-37 所示。

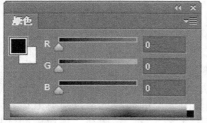

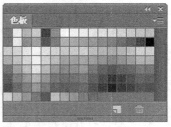

图 1-36　　　　　　　　　　　　　图 1-37

❸　"导航器"面板和"直方图"面板

　　"导航器"面板通过放大或缩小图像来查找指定区域，利用面板中的视图框便于搜索大图像，如图 1-38 所示。

　　在"直方图"面板中可以看到图像的所有色调分布情况，图像主要分为最亮区域、中间区域和暗淡区域 3 部分，如图 1-39 所示。

图 1-38

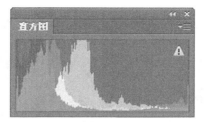

图 1-39

❹　"字符"面板和"段落"面板

　　在编辑或修改文本时，通过"字符"面板可以对文字属性进行设置。这些设置主要包括文字大小、颜色和字间距等，如图 1-40 所示。

　　"段落"面板可以设置与文本段落相关的选项，可以"调整"行间距，增加缩进或减少缩进等，如图 1-41 所示。

图 1-40

图 1-41

❺　"图层"面板和"通道"面板

　　"图层"面板提供图层的创建和删除等功能，并且可以在面板中设置图像的不透明度和图层蒙版等，如图 1-42 所示。

　　"通道"面板用于管理颜色的信息或利用通道指定图像选区，主要用于创建 Alpha 通道及有效管理颜色通道，如图 1-43 所示。

图 1-42

图 1-43

❻ "路径""属性"和"创建"面板

"路径"面板用于将选区转换为路径，或者将路径转换为选区。利用"路径"面板可以应用各种路径的相关功能，如图 1-44 所示。

"属性"作为 Photoshop CS6 中出现的新面板，集中了所有调整图层的设置选项和蒙版选项，如图 1-45 所示。

"创建"面板为新增面板，用于创建调整、填充和蒙版图层，图 1-46 所示为显示的调整图层属性。

图 1-44　　　　　　　　　图 1-45　　　　　　　　　图 1-46

1.3 对图像的简单操作

在对 Photoshop CS6 软件有了一定的了解后，就需要学会运用该软件进行一些图像的基本操作，在照片处理应用中，图像的基本操作包括新建文件、打开文件、置入新图像以及存储图像等。

1.3.1 新建文件

新建文件是照片处理的基础，通过创建一个新的图像文件，然后在新建的文件中进行照片的编辑与设计。要创建一个新的图像文件，执行"文件>新建"菜单命令，打开"新建"对话框；在该对话框中设置其大小、分辨率以及背景颜色等，如图 1-47 所示。

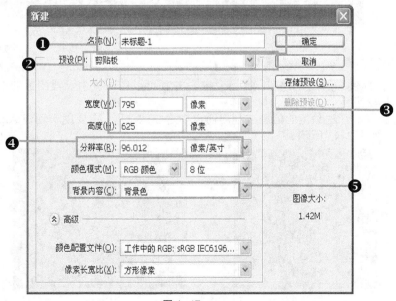

图 1-47

❶ 名称

"名称"选项用于设置创建文档的名称。在"名称"后方的文本框中输入名称，单击"确定"按钮新建文件创建后，所输入的文件名将会显示在图像窗口的选项卡上。

❷ 预设

单击"预设"右侧的下拉按钮，即可打开"预设"列表，如图 1-48 所示。在该列表中预设选择选项后，对话框下方的大小、宽度及高度等参数也随之发生改变，图 1-49 所示为选择"国际标准纸张"选项后显示的图像大小。

图 1-48

图 1-49

技巧点拨 单击"新建"对话框下方的"高级"按钮，将会打开高级选项设置，用户可以进一步对颜色配置情况以及像素长宽比进行设置。

❸ 宽度和高度

"宽度"和"高度"选项用于设置新建文档的宽度和高度，用户可以在"宽度"和"高度"文本框中直接输入数值，然后单击右侧的单位下拉按钮；在打开的列表中选择合适的单位，如图 1-50 所示，设置"宽度"为 600 像素，"高度"为 480 像素，单击"确定"按钮，创建一个与之对应的文档，如图 1-51 所示。

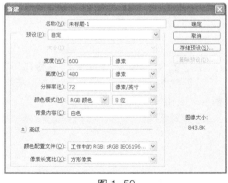

图 1-50

图 1-51

❹ 分辨率

"分辨率"用于确认屏幕图像的精密度，它是指显示器所能显示的像素的多少。分辨率越大时，显示器可显示的像素越多，画面就越精细。

❺ 背景内容

此选项主要用于指定新建文档的背景颜色。在"背景内容"的下拉列表中提供了白色、背景色和透明三个不同选项。设置"背景内容"为背景色时创建的文档效果如图 1-52 所示，设置"背景内容"为透明时创建的文档效果如图 1-53 所示。

图 1-52

图 1-53

1.3.2 打开指定文件

应用 Photoshop CS6 处理照片前，需要在软件中打开原素材图像。打开文件可以通过运用"打开"命令来实现。执行"文件>打开"菜单命令，打开"打开"对话框，如图 1-54 所示；在打开的对话框中单击选择需要打开的图像，再单击对话框右下方的"打开"按钮，将选择的图像打开，打开后的图像效果如图 1-55 所示。

图 1-54

图 1-55

1.3.3 存储文件

完成数码照片的修饰与编辑后，可以将图像存储于指定的文件夹中，方便查找和再次使用。执行"文件>存储为"菜单命令，如图 1-56 所示；打开"存储为"对话框，在对话框中输入存储的文件名并指定存储格式，如图 1-57 所示；单击"确定"按钮即可将图像存储。

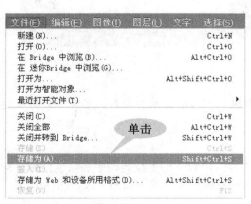

图 1-56

图 1-57

1.4 技能训练——定义更适合照片处理的工作区

本章主要讲解了 Photoshop CS6 的新增功能、全新工作界面以及文件的简单操作等知识。学习这些知识是为后面进行照片处理奠定基础。在开始处理照片之前，设置一个更适合于照片处理的工作区，可以帮助我们更快更有效地完成数码照片的后期处理工作，下面通过技能训练的方式，向大家介绍怎样定义一个更适合照片处理的工作区。

▶ 01 设计效果

【习题素材】随书光盘\技能训练\素材\01\01.jpg（见图 1-58）

图 1-58

▶ 02 制作流程

● 先将工作区从默认的基本功能工作区切换至"摄影"工作区，如图 1-59 所示。

● 根据个人操作习惯，显示更多的属性面板并把一些不经常使用的面板关闭，如图 1-60 所示。

● 对面板进行合理的组合，将设置后的工作区存储起来，如图 1-61 所示。经过设置后的工作区效果如图 1-58 所示。

图 1-59

图 1-60

图 1-61

1.5 课后习题——设置方便个人操作的工作区

【习题知识要点】从工作界面中拖出面板，将拖出的面板进行重新组合，关闭不需要使用的面板和面板组，然后将保留面板折叠显示，经过设置后得到的工作区效果如图 1-62 所示。

【习题素材】 随书光盘\习题\素材\01\01.jpg

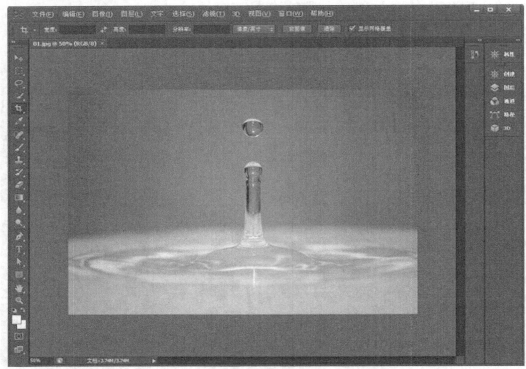

图 1-62

第2章
数码照片的裁剪和旋转

在 Photoshop 中裁剪和旋转是对照片的基本操作，一张构图不完美或者倾斜的照片通过裁剪工具和旋转命令，只要简单的几步操作就能使照片更加好看。

本章的重要概念有：理解修正照片的基础知识，使用工具来裁剪和旋转图像，了解不同裁剪命令和旋转命令之间的差别。

本章知识点：

☑ 数码照片的裁剪编辑
☑ 对照片进行旋转

2.1　数码照片的裁剪编辑

在 Photoshop CS6 工具栏中，裁剪工具组位于第 5 项，其中包括"裁剪工具""透视裁剪工具""切片工具""切片选择工具"等。默认情况下使用的是"裁剪工具"，右键单击"裁剪工具"按钮则可以打开隐藏的工具选项，单击即可选择其他选框工具。

2.1.1　"裁剪工具"

使用"裁剪工具"对图像进行裁剪和调整，单击工具箱中的"裁剪工具"按钮 ，或者按 C 键即可选择"裁剪工具"。在选项栏中查看该工具的选项栏，如图 2-1 所示。

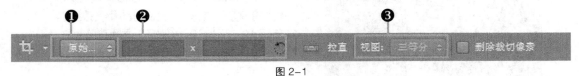

图 2-1

❶ **工具预设**

"原始"下拉列表包括"无约束""原始比例""1×1（正方形）""4×5（8×10）""8.5×11""4×3""保存预设"以及"大小和分辨率"等选项。用户可以根据需要设置尺寸，如图 2-2 所示。单击"大小和分辨率"选项，打开"裁剪图像大小和分辨率"对话框，在此对话框中可以重新指定裁剪图像的大小和分辨率，如图 2-3 所示。

图 2-2　　　　　　　　　　　　　　　　图 2-3

单击"原始"下拉按钮，打开下拉菜单，选中"保存预设"选项，如图 2-4 所示；打开"新建裁剪预设"对话框，如图 2-5 所示，可创建新的裁剪预设。

图 2-4　　　　　　　　　　　　　图 2-5

❷　设置宽度和高度

在该选项内输入数值，设置裁剪范围，在裁剪过程中对照片进行选取，如图 2-6 所示。单击
"旋转"按钮 🔄，可快速旋转绘制的裁剪框，如图 2-7 所示。

图 2-6

图 2-7

❸　视图

在"视图"选项下，可以对裁剪框的显示方式进行选择。单击"视图"下拉按钮，在打开的
列表中查看可以选择的裁剪框显示方式，如图 2-8 所示。若选择"网格"选项，创建裁剪框后的
效果如图 2-9 所示；若选择"三角形"选项，创建裁剪后的效果如图 2-10 所示。

图 2-8

图 2-9

图 2-10

2.1.2　"透视裁剪工具"

使用"透视裁剪工具"对图像进行裁剪操作时，可以通过单击的方式创建裁剪框，然后裁剪
图像，调整图像的透视效果。单击工具箱中的"透视裁剪工具"按钮 🔲，或者按 C 键，即可选
择"透视裁剪工具"。在选项栏中查看该工具的选项栏，如图 2-11 所示。

❶   ❷   ❸   ❹

图 2-11

❶ 设置宽度和高度

在该选项内输入数值，设置裁剪参数，可对照片进行选取，如图 2-12 所示。单击"高度和宽度互换"按钮 ⬄，可将输入的高度和宽度的数值进行交换，如图 2-13 所示。

图 2-12   图 2-13

技巧点拨 "高度和宽度互换"按钮不仅可以转变选项栏中设置的高度和宽度，还能转换预设工具中设置好的高度与宽度，将预设工具的数量增加一倍，在对常用裁剪尺寸进行预设时可减少相同比例的工具预设设置。

❷ 分辨率

该选项用于设置裁剪后图像的分辨率，可以输入数值，但是数值不宜超过原来的 130%，因为数值过大会使图像的分辨率下降。"单位"下拉列表菜单栏中包括"像素/英寸""像素/厘米"两个单位，根据实际情况进行选择。

❸ "前图像"和"清除"按钮

单击"前图像"按钮，在菜单栏中会显示当前图像的宽度、高度和分辨率，可以将图像按照原图的长宽比例进行裁剪。

单击"清除"按钮，可以清除之前设定的裁剪宽度、高度和分辨率的数值，然后对裁剪宽度、高度和分辨率进行重新设置。

❹ "显示网格覆盖"选项

在"透视裁剪工具"选项栏中，利用"显示网格覆盖"选项，可以在裁剪图像时确认网格的显示与隐藏。在默认情况下，系统不会勾选该复选框，此时绘制裁剪框后，效果如图 2-14 所示，勾选该复选框，则显示网格，效果如图 2-15 所示。

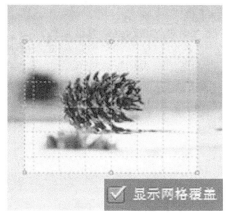

图 2-14   图 2-15

2.1.3   "画布大小"命令

    "画布大小"命令主要用于调整图像画布大小，用户通过"画布大小"对话框来指定其大小。若设置的画布大小比原图像小时，可实现图像的裁剪操作。执行"图像>画布大小"菜单命令打开"画布大小"对话框，如图 2-16 所示。

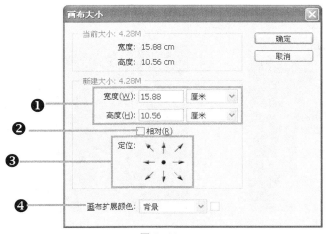

图 2-16

❶ 宽度和高度

    在宽度和高度选项中输入数字重新设置画布大小。当输入的数字小于原始图像数值，将会打开图 2-17 所示的警示对话框，单击"继续"按钮将图像进行裁剪。裁剪后效果如图 2-18 所示。

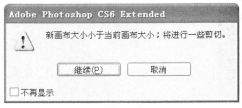

图 2-17

图 2-18

❷ **相对**

　　勾选"相对"复选框，修改后的画布大小在原图像的基础上添加"宽度"和"高度"文本框中的尺寸，在"高度"和"宽度"文本框中输入数值，如图 2-19 所示，设置完成后单击"确定"按钮，查看图像上添加指定的颜色边框，如图 2-20 所示。

图 2-19　　　　　　　　　　　　　图 2-20

❸ **定位**

　　"定位"选项用于设置图像裁剪的方向，在定位选项中单击右上角的定位按钮，则设置裁剪范围以右上角为起点，裁剪图像如图 2-21 所示；在定位选项中单击左上角的定位按钮，则设置裁剪范围以左上角为起点，裁剪图像如图 2-22 所示。

图 2-21　　　　　　　　　　　　　图 2-22

❹ **画布扩展颜色**

　　"画布扩展颜色"下拉列表菜单，单击"黑色"选项，画布填充颜色为黑色，如图 2-23 所示；单击"灰色"选项，画布填充颜色为灰色，如图 2-24 所示。

图 2-23　　　　　　　　　　　　　图 2-24

2.1.4　"裁剪"命令

裁剪命令能将照片中多余的图像像素去除，重新调整照片的构图，其中包括"编辑>剪切"菜单命令，如图 2-25 所示；"图像>裁剪"菜单命令，如图 2-26 所示；"图像>裁切"菜单命令，如图 2-27 所示。

图 2-25

图 2-26

图 2-27

"剪切"命令可以将照片中的选区内图像去除，但是不会修改画布大小，而是将去除的像素填充为背景色。选择"矩形选框工具"，在花朵上面单击并拖曳鼠标，创建选区，按下快捷键 Ctrl+Shift+I，反选选区，选择要裁剪的图像，执行"编辑>剪切"菜单命令，如图 2-28 所示，图像中的选区部分将被裁剪，如图 2-29 所示。

图 2-28

图 2-29

"裁剪"命令可以将照片中的选区外图像去除，并修改画布大小以适合选区图像，在图像中创建一个选区，执行"图像>裁剪"菜单命令，如图 2-30 所示，图像中的选区外图像将被裁剪，如图 2-31 所示。

图 2-30

图 2-31

"裁切"命令通过移去不需要的部分来裁剪图像，即通过裁剪周围的透明像素或指定颜色的背景像素来裁剪图像，并修改画布大小以适合图像，执行"图像>裁切"菜单命令，如图 2-32 所示，图像中的透明像素被裁剪，如图 2-33 所示。

图 2-32

图 2-33

2.1.5 "裁剪并修齐照片"命令

"裁剪并修齐照片"命令可以将一张图像文件内的多张照片同时裁剪为多张单独的照片，并对原文件中的照片进行修齐，该命令适合一次扫描多张照片时使用，如图 2-34 所示，执行"文件>自动>裁剪并修齐照片"命令，如图 2-35 所示。

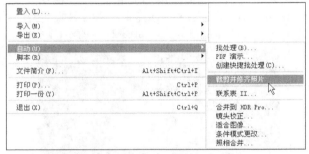

图 2-34

图 2-35

"裁剪并修齐照片"命令将自动对照片进行切分操作，如图 2-36 所示；并且对文件中倾斜的图像进行旋转来修正照片，如图 2-37 所示。

图 2-36

图 2-37

技巧点拨 为了获得最佳结果，在扫描图片之间保持 1/8 英寸的间距，背景应是没有杂色的均匀颜色，"裁剪并修齐照片"命令最适用于外形轮廓清晰的照片。

2.1.6　实例精练——调小大尺寸的数码照片

在拍摄数码生活照片时，为了保证拍摄照片的清晰度会将照片设置为大尺寸；同时，也可以利用相应的菜单命令对照片进行裁剪，使画面构图更美观。在 Photoshop 中对照片进行精确的裁剪设置，最快速、有效的方法是"画布大小"命令，利用该命令可以将照片裁剪至指定的大小。

原始图像　　最终图像

操作难度：★
综合应用：★★
发散性思维：★★

原始文件：随书光盘\素材\02\01.JPG

最终文件：随书光盘\源文件\02\调小大尺寸的数码照片.JPG

STEP 01 提亮照片

打开随书光盘\素材\02\01.JPG 素材图片。

❶在"图层"面板中，将"背景"图层拖曳至"创建新图层"按钮 上，创建一个"背景副本"图层，设置混合模式为"滤色"，不透明度为 60%。

❷根据设置的图层混合模式提亮照片。

STEP 02 画布大小裁剪

❶执行"图像>画布大小"菜单命令，打开"画布大小"对话框，在对话框中设置画布大小，单击"确定"按钮。

❷打开"Adobe Photoshop CS6 Extended"对话框，单击"继续"按钮，裁剪图像。

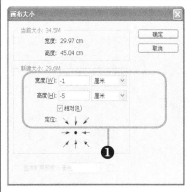

2.1.7 实例精练——设置固定尺寸限制照片

照片都有固定的尺寸，为了保证在裁剪时不会破坏照片原本的比例，可以使用"裁剪工具"中的预设面板，设置固定裁剪尺寸限制照片的裁剪比例，按照符合画面的照片尺寸对照片进行裁剪。

原始图像

最终图像

操作难度：**
综合应用：**
发散性思维：***

原始文件：随书光盘\素材\02\02.JPG
最终文件：随书光盘\源文件\02\设置固定尺寸限制照片.JPG

STEP 01 设置裁剪大小
打开随书光盘\素材\02\02.JPG素材图片。
❶在工具箱中单击"裁剪工具"按钮。
❷在选项栏中点击打开"工具预设选取器"，选中"5×7"选项。

STEP 02 设置裁剪区域
❶根据设置的参数值，在页面中单击，创建裁剪框。
❷在图像窗口中拖曳鼠标，调整裁剪的区域，并将裁剪框移至合适位置。

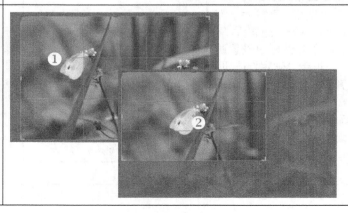

STEP 03 设置裁剪区域

❶按下键盘上的 Enter 键，裁剪图像。

❷单击"创建"面板中的"曲线"按钮，打开"属性"面板，在面板中通过拖曳调整曲线。

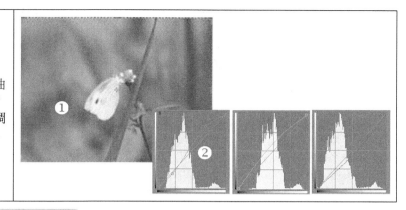

2.2　对照片进行旋转

在 Photoshop CS6 中有许多方法可以对数码照片进行旋转操作，其中包括"标尺工具""翻转命令"和"自由旋转"。不同的方法对数码照片有着不同的作用，在对照片进行后期处理时都是不可缺少的。

2.2.1　"标尺工具"

在工具栏中"标尺工具" 位于第五项，如图 2-38 所示。默认为"吸管工具" ，单击右键在打开的菜单栏中选择"标尺工具" ，如图 2-39 所示。

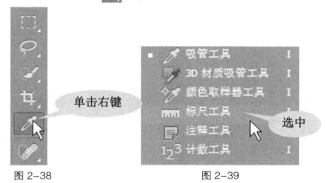

图 2-38　　　　　　　　　　图 2-39

使用"标尺工具"可以对倾斜的照片进行修正，"标尺工具"能正确地计算出照片偏斜的角度。选中工具栏中的"标尺工具" ，在图像窗口中拖曳鼠标，沿图像中塔的中柱绘制直线，如图 2-40 所示；执行"图像>旋转>任意角度"，打开"旋转画布"对话框，如图 2-41 所示，单击"确定"按钮，旋转后的图像如图 2-42 所示。

图 2-40　　　　　　　　　图 2-41　　　　　　　　　图 2-42

知识补充　"拉直"按钮是 Photoshop CS6 中新增加的功能，它将原本复杂的旋转、裁剪等操作融合到了一起，将文件自动进行图像的识别与旋转，然后裁切多余的图像，使修正倾斜照片变得很容易。

2.2.2　"旋转"命令

使用"旋转"命令可以旋转选中图层的图像或选区，打开需要旋转的数码照片，新打开的图像由于背景图层被锁定是无法进行旋转的，变化菜单命令呈灰色标识，如图 2-43 所示，在图层面板中单击"指示图层部分锁定"将图层解锁，如图 2-44 所示，或者复制"背景"图层得到"背景副本"图层，进行"旋转"命令，如图 2-45 所示。

图 2-43

图 2-44

图 2-45

执行"编辑>变化>旋转"菜单命令，拖曳鼠标，向右旋转图像，如图 2-46 所示，图像以中心点为圆心向右旋转。在选项栏中单击"参考定位符" ▦ 上的方块，选中左上的角参考点，调整画面旋转点，拖曳鼠标，向左旋转图像，如图 2-47 所示，图像以左上角参考点为圆心向左旋转。

图 2-46

图 2-47

2.2.3　"图像旋转"命令

对照片进行图像旋转操作，旋转图像的同时旋转画布，使照片能全部显示出来，在"图像>图像旋转"菜单命令中，"180 度（1）""90 度（顺时针）（9）""90 度（逆时针）（0）""任意角度""水平翻转画布（H）""垂直翻转画布（V）"命令如图 2-48 所示，能将图像自动旋转。

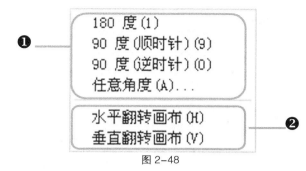

图 2-48

❶ 按照角度翻转画布

　　按照角度对照片进行精确翻转，对图 2-49 所示的照片进行"旋转 180 度（1）"操作，图像可旋转半圈，如图 2-50 所示。

图 2-49

图 2-50

　　对照片进行"旋转 90 度（顺时针）"操作，图像可顺时针旋转四分之一圈，如图 2-51 所示；"旋转 90 度（逆时针）"可使图像逆时针旋转四分之一圈，如图 2-52 所示；图 2-53 所示为对照片进行"任意角度"的旋转操作，方便用户从不同角度查看图像。

图 2-51

图 2-52

图 2-53

知识 补充　使用图像旋转命令对图像进行旋转时，画布的尺寸将跟随照片旋转后的尺寸进行自动调整，图像将不会被隐藏，执行"图像>图像旋转>任意角度"菜单命令，在弹出的对话框内任意设置照片旋转的角度。

❷ **镜像翻转画布**

　　执行"水平翻转画布""垂直翻转画布"命令能够轻松地将画布内所有图层图像进行翻转。打开一张素材图像，复制背景图层，如图 2-54 所示，"水平翻转画布"命令是将照片在水平方向上进行翻转操作，如图 2-55 所示；"垂直翻转画布"命令是将照片在垂直方向上进行翻转操作，如图 2-56 所示。

图 2-54　　　　　　　　　　图 2-55　　　　　　　　　　图 2-56

2.2.4　"自由变换"命令

　　在对照片进行后期处理时，为了变换一个特定的旋转图像，使用"旋转"命令、"翻转"命令等需要连续进行几个步骤，操作起来很烦琐。"自由变换"菜单命令能使照片进行自由旋转、翻转，同时也能对照片进行缩放，使用起来方便快捷。选中画面中蘑菇的图像进行复制操作，按快捷键 Ctrl+T，显示自由变换编辑框，右键单击编辑框执行"自由变换"命令，如图 2-57 所示，拖曳鼠标，对蘑菇进行翻转操作，如图 2-58 所示。

　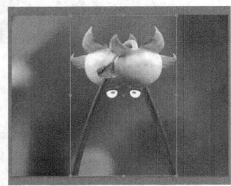

图 2-57　　　　　　　　　　　　　　　图 2-58

　　根据画面需要，拖曳鼠标，对蘑菇进行缩放调整蘑菇的大小，如图 2-59 所示；对蘑菇进行旋转操作，如图 2-60 所示。

　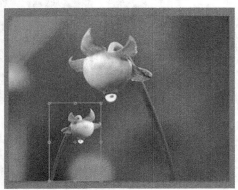

图 2-59　　　　　　　　　　　　　　　图 2-60

2.2.5　实例精练——翻转照片制作镜像效果

双胞胎是一件很神奇的事，世间还有一个和自己如此相似的人，使用 Photoshop CS6 的变换命令对照片进行翻转操作，将单独的人像照片制作成镜像的双胞胎照片。"变换"命令可以最大限度地将变换应用于整个图层、选区或图层蒙版中。

原始图像

最终图像

操作难度：**★**

综合应用：**★**

发散性思维：**★★**

原始文件：随书光盘\素材\02\03.JPG

最终文件：随书光盘\源文件\04\翻转照片.PSD

STEP 01　复制图层并水平翻转

打开随书光盘 \ 素材\02\03.JPG 素材图片。

❶将"背景"图层拖曳至"创建新图层"按钮 上，创建一个"背景副本"图层。

❷执行"编辑>变化>水平翻转"菜单命令。

❸在图像窗口中查看翻转效果。

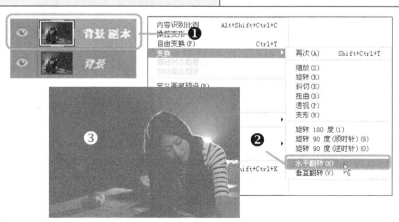

STEP 02　修剪多余区域

❶在"图层"面板中，设置不透明度为50%。

❷在工具箱中，单击"矩形选框工具"按钮 ，在图像窗口中绘制选区。

❸按 Delete 键删除选区，在"图层"面板中设置不透明度为100%。

『十二五』职业教育国家规划教材

2.2.6 实例精练——裁剪照片制作宝丽来图像效果

宝丽来照相机采用特种胶片，拍摄后可将照片立即自动冲洗，同时拍摄出来的照片形状接近于正方形，拍摄者马上可以看到刚拍摄的效果。在 Photoshop CS6 中将图像颜色调出宝丽来色调，然后使用裁剪工具裁剪图像为正方形，并通过扩展边缘制作特殊效果。

最终图像

原始图像

操作难度：**★★**
综合应用：**★★**
发散性思维：**★★**

原始文件：随书光盘\素材
\02\04.JPG
最终文件：随书光盘\源文件
\02\裁剪照片制作宝丽来图像效
果.JPG

STEP 01 绘制裁剪框

打开随书光盘\素材\02\
04.JPG 素材图片。

❶ 在工具箱中，右键单击
"透视裁剪工具"按钮 ，
使用该工具绘制裁剪框。

❷ 按下键盘上的Enter键，
裁剪图像。

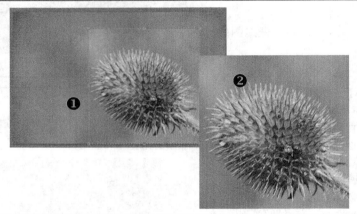

STEP 02 裁剪图像

❶ 单击工具箱中的"裁剪
工具"按钮 ，沿图像绘
制稍大的裁剪框。

❷ 新建"图层 1"图层，
将其移至"图层 0"下方，
设置前景色为白色，按下
快捷键 Alt+Delete，填充
背景。

❸ 运用设置的前景色填充
后，原透明区域变为白色。

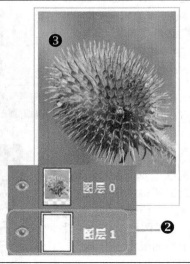

STEP 03 设置自然饱和度

❶ 单击"创建"面板中的"自然饱和度"按钮▽，打开"属性"面板，设置"自然饱和度"为+20，"饱和度"为+12。

❷ 根据设置的自然饱和度调整图像，增强饱和度。

STEP 04 调整亮度和对比度

❶ 单击"创建"面板中的"亮度/对比度"按钮🔆，打开"属性"面板，设置"亮度"为28，"对比度"为15。

❷ 根据设置的亮度/对比度，调整图像，提亮图像，增强对比度。

STEP 05 添加文字

❶ 选择"横排文字工具"按钮 T ，打开"字符"面板，设置文字属性。

❷ 根据设置的属性，在页面下方输入文字。

❸ 调整文字颜色，继续使用"横排文字工具" T 输入文字。

2.3 技能训练——调整照片设置相册效果

本章主要讲解了数码照片的裁剪与调整技术，包括各种不同的裁剪工具和命令、照片的自由旋转等知识，利用这些简单的知识，可以完成数码照片的快速裁剪与旋转操作。为了进一步巩固本章所学习的知识，请读者将习题中的几张素材照片设置为简单的相册效果。

➡ 01 设计效果

【习题素材】随书光盘\技能训练\素材\02\01~04.jpg（见图 2-61）

【习题源文件】随书光盘\技能训练\源文件\02\调整照片设置相册效果.psd

图 2-61

02 制作流程

● 根据需要把多张素材图像添加至同一个文件中，并通过调整命令适当调整其大小，如图 2-62 所示。

● 为了让画面中的图像角度与下方的相框背景角度相同，适当对人像素材的角度进行调整，如图 2-63 所示。

● 利用多边形选取工具选取图像，将多余的图像选取并裁剪，如图 2-64 所示。

图 2-62　　　　　　　　　　图 2-63　　　　　　　　　　图 2-64

2.4 课后习题——校正倾斜的数码照片

【习题知识要点】用"标尺工具"拖出水平线，执行"旋转"命令旋转倾斜的照片，对裁剪后的照片进行适当的裁剪，校正倾斜的数码照片，设置后的效果如图 2-65 所示。

【习题素材】随书光盘\习题\素材\02\01.jpg

【习题源文件】随书光盘\习题\源文件\02\校正倾斜的数码照片.psd

图 2-65

第 3 章
数码照片的修复技术

修复数码照片的方法有很多种，根据数码照片受损的类型和程度来选择适合的工具或者命令来对图像进行修复，为了保证修复图像的真实性，可将几个修复工具或命令配合使用。

本章的重要概念有：理解修补工具的使用方法以及选项栏内的设置，使用菜单命令进行图像调整，了解修补工具间的区别。

本章知识点：

- ☑ 修复有缺陷照片
- ☑ 色彩失真的照片处理
- ☑ 消除照片中的瑕疵
- ☑ 处理杂乱的照片背景

3.1 修复有缺陷照片

在拍摄数码照片时，受环境的影响，大部分数码照片总是或多或少地存在一些瑕疵和缺陷，Photoshop 包括一组专用于修复缺陷照片的工具，主要包括污点修复画笔工具、修复画笔工具、仿制图章工具和画笔工具等，利用这些工具可快速修复、去除照片中的瑕疵，完善数码照片。

3.1.1 "污点修复画笔工具"

"污点修复画笔工具"能对图像进行修复，该工具最大的优点就是不需要定义原点，具有自动匹配的优秀功能，只要确定好要修补的图像的位置，Photoshop 就会从所修补区域的周围取样并进行自动匹配，在工具箱中单击"污点修复画笔工具"按钮 🖌️，查看工具选项栏，如图 3-1 所示。

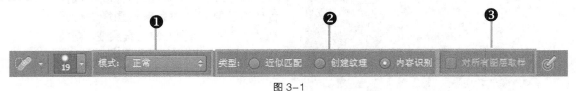

图 3-1

❶ 模式

"模式"选项用于指定图像的合成方式与合成效果，单击"模式"下拉列表菜单，如图 3-2 所示，在该菜单下即可调整模式，打开素材图像，如图 3-3 所示，选择模式为"正片叠底"，去除污点，效果如图 3-4 所示。

图 3-2　　　　　　　　　图 3-3　　　　　　　　　图 3-4

知识补充

"模式"中包含的 8 种混合模式与图层面板中的混合效果相同，"替换"为图像的直接替换，"正片叠底"为取样图像和背景的混合叠加，"滤色"为使用取样图像颜色或明度修改原图像。

❷ 类型

选择"近似匹配"单选项能使用周围的像素修复图像，如图 3-5 所示；选择"创建纹理"单选项将以纹理的质感修复图像，如图 3-6 所示；选择"内容识别"单选项，使用附近的相似图像内容不留痕迹地修复图像，如图 3-7 所示。

图 3-5　　　　　　　　　　　图 3-6　　　　　　　　　　　图 3-7

❸　对所有图层取样

　　勾选"对所有图层取样"复选框，可以从所有可见图层中进行取样；取消勾选"对所有图层取样"复选框，则在当前图层中进行取样。

3.1.2　"修复画笔工具"

　　"修复画笔工具"能对照片上的各种瑕疵进行修饰，使这些瑕疵减弱融合在图像里，"修复画笔工具"可将取样点的纹理、阴影、颜色等与所修复的区域进行匹配，使修复后的图像与原本的图像相互融合，"修复画笔工具"是修复图像最常用的工具，单击工具箱中的"修复画笔工具"按钮，在选项栏中查看该工具的选项，如图 3-8 所示。

图 3-8

❶　源

　　"源"选项用于设置修复画面的源，选择一张素材图像，如图 3-9 所示，选中"取样"选项，在图像中进行取样，在左下角的人物位置涂抹，涂抹后自动与取样处图像相匹配，如图 3-10 所示。

图 3-9　　　　　　　　　　　　　　　　　　　　图 3-10

选中"图案"选项，在右侧的"图案拾色器"中选取图案，在左下角人物位置涂抹，将为修补处添加图案，如图 3-11 所示，释放鼠标后修复图案与图像相匹配，如图 3-12 所示。

图 3-11

图 3-12

技巧点拨 由于"修复画笔工具"可将取样点的纹理、阴影、颜色等与所修复的区域进行匹配，使修复后的图像与原本的图像相互融合，因此在选择图像修复的源时还需要考虑修复时瑕疵与源融合叠加的效果，防止新的瑕疵出现。

❷ 对齐

勾选"对齐"选项，在图像中进行取样时，取样点不会消失而是连续取样；没有勾选"对齐"选项时，在图像中进行取样时，取样点将不会连续取样，每次停止并重新开始涂抹时将回到原始的取样点。

❸ 样本

"样本"选项用于设置取样的取样方式，单击"仿制样本模式"选框，打开下拉列表菜单，菜单中包括"当前图层""当前和下方图层""所有图层"三个选项，选中"当前图层"在当前图层取样，选中"当前和下方图层"在当前和下一个图层取样，选中"所有图层"在所有可见图层中取样。

3.1.3 "仿制图章工具"

"仿制图章工具"可用于将指定的图像仿制到画面中的其他区域。选择"仿制图章工具"后，在画面中单击取样图像，然后把取样的图案进行复制，并覆盖原图像，使其与周围的图像融合。单击"仿制图章工具"按钮，查看工具选项栏，如图 3-13 所示。

图 3-13

❶ "仿制源"面板

单击"切换仿制源"面板按钮，打开"仿制源"面板，如图 3-14 所示。在面板中单击"仿制源"按钮，可以在图像中创建新的仿制源，如图 3-15 所示。

图 3-14

图 3-15

❷　不透明度

"不透明度"选项用于设置图像覆盖时的不透明度，应用鼠标调整不透明度滑块即可调整图像的仿制效果，设置不透明度为 20%，如图 3-16 所示；设置不透明度为 100%，如图 3-17 所示。

图 3-16

图 3-17

❸　流量

"流量"选项用于设置应用"仿制图章工具"绘制时的压力大小，单击并拖曳滑块设置流量，设置的数值越高，则绘制时颜色就越深，设置流量为 20%，效果如图 3-18 所示；设置流量为 100%，效果如图 3-19 所示。

图 3-18

图 3-19

❹ **样本**

"样本"用于设置仿制源取样的图层，单击样本下拉列表菜单，包括选项"当前图层""当前和当下图层""所有图层"，单击任意选项，在指定图层中进行数据取样。

3.1.4 "画笔工具"

"画笔工具"位于工具箱中的第八项，单击工具箱内的"画笔工具"按钮 ，或者按 B 键，即可选中"画笔工具"，在选项栏中设置画笔选项，如图 3-20 所示，使用"画笔工具"可以在图像中绘制出各种形态的图形。

图 3-20

❶ **画笔预设器**

在选项栏中单击工具预设选取器打开画笔预设器，在菜单栏中选择需要的预设画笔，在"画笔预设"面板中单击右侧的按钮 ，在下拉列表菜单中选中"画笔"，如图 3-21 所示，设置完成后的效果如图 3-22 所示，画笔工具预设添加到画笔预设面板。

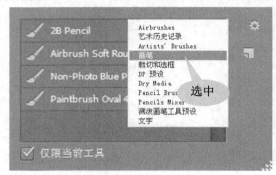

图 3-21   图 3-22

❷ **画笔切换面板**

在选项栏中单击"画笔切换面板"按钮 ，打开"画笔面板"，如图 3-23 所示。在"画笔面板"中设置画笔参数，其中常用的包括"画笔笔尖形状"如图 3-24 所示，"形状动态"如图 3-25 所示，"散布"如图 3-26 所示。

图 3-23   图 3-24   图 3-25   图 3-26

技巧
点拨　画笔切换面板中，对画笔的设置种类繁多，能将画笔设置出多种不同的描绘形状，为了方便使用可将设置好的画笔样式添加至工具预设中方便使用。

❸ 模式

在选项栏中单击"模式"下拉菜单列表，在弹出的菜单栏中包括"正常""溶解""背后""清除""变暗""正片叠底""颜色加深""线性加深""深色"如图 3-27 所示；"变亮""滤色""颜色减淡""线性减淡（添加）""浅色""叠加""柔光""强光""亮光""线性光""点光""实色混合"如图 3-28 所示；"差值""排除""减去""划分""色相""饱和度""颜色""明度"如图 3-29 所示。

图 3-27　　　　　　　　图 3-28　　　　　　　　图 3-29

技巧
点拨　画笔的混合模式与"图层"面板中的混合模式相同，混合效果也是相同的，在对模式进行设置时可参考"图层"面板中的模式进行设置。

❹ 不透明度

单击"绘图板压力控制不透明度（覆盖画笔面板设置）"按钮，画笔面板的设置将会改由绘画板进行设置，在选项栏中单击"设置描边的不透明度"，打开滑动条并拖曳鼠标，修改画笔的不透明度。设置画笔不透明度为 50% 的效果如图 3-30 所示，设置画笔不透明度为 100% 的效果如图 3-31 所示。

图 3-30

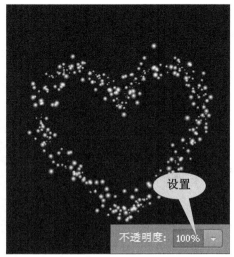

图 3-31

❺ 流量

流量是控制画笔的流动速度和涂抹速度的，值越大画笔颜色越深，在选项栏中单击"设置描边流动速度"，打开滑动条并拖曳鼠标，修改画笔的流量。设置画笔不透明度为 100%时的效果如图 3-32 所示，设置画笔流量为 30%时的效果如图 3-33 所示。

图 3-32

图 3-33

技巧点拨 按某个数字键（必须为键盘顶部的数字键，按数字键盘上的数字不起作用）来设置画笔的不透明度（设置为 10%的倍数，按 1 设置不透明度为 10%，依此类推，按 0 不透明度设置为 100%），按 Shift 和数字键来设置流量。

3.1.5 实例精练——去除照片中的污渍

在保存照片时，如果没有将其存放好，则很可能将污渍残留于照片上。在 Photoshop 中使用"修复画笔工具"修复照片中难看的污渍，选中"修复画笔工具" 后，通过设置合适的画笔大小将照片中的污渍去除。

原始图像

最终图像

操作难度： ★
综合应用： ★
发散性思维： ★★

原始文件：随书光盘\素材\03\01.jpg
最终文件：随书光盘\源文件\03\去除照片中的污渍.psd

STEP 01　复制图层查看图像

打开随书光盘\素材\03\01.jpg 素材图片。

❶在"图层"面板中，复制背景图层得到"背景副本"图层。

❷使用"缩放工具" 🔍 在照片中的划痕位置进行拖曳，放大图像显示。

STEP 02　对图像进行修补

❶在工具箱中选中"修复画笔工具" 🖌️ ，在选项栏中，设置源为"取样"，勾选"对齐"复选框。

❷按住 Alt 键在当前图层取样，释放 Alt 键，在划痕位置进行涂抹，修复划痕。

❸继续使用"修复画笔工具" 🖌️ 对其他位置的划痕进行修复。

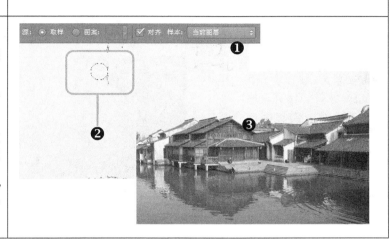

3.1.6　实例精练——修复受损的数码照片

闪光灯可以帮助人们在较暗的光线下拍摄到清晰的画面，如果不恰当地使用闪光灯进行拍摄，则会使拍摄的照片受损。使用 Photoshop 提供的"仿制图章工具"可以快速修复受损的照片。

最终图像

原始图像

操作难度：★
综合应用：★★
发散性思维：★★

原始文件：随书光盘\素材\03\02.jpg

最终文件：随书光盘\源文件\03\修复受损的数码照片.psd

STEP 01 复制图层取样图案

打开随书光盘\素材\03\02.jpg素材图片。

❶在"图层"面板中，将"背景"图层拖曳至"创建新图层"按钮 上，创建一个"背景副本"图层。

❷单击工具箱中的"仿制图章工具"按钮 ，按住 Alt 键在当前图层中单击取样。

STEP 02 修复图像

❶释放 Alt 键，在受损的位置进行涂抹，修复划痕。

❷继续使用"仿制图章工具" 在图像中涂抹，修复受损的图像。

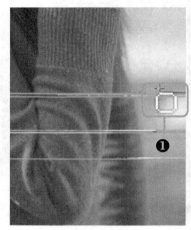

STEP 03 调整图像饱和度

❶复制"背景副本"图层，设置"背景副本 2"图层混合模式为滤色，不透明度为30%。

❷创建"色相/饱和度"调整图层，设置"饱和度"为+48。

❸在图像窗口中查看设置后的效果。

3.2　色彩失真的照片处理

　　影响照片色彩的因素有很多，其中包括拍摄照片时的光线对色彩的影响也很大，清晨和傍晚拍摄的照片会偏黄，使照片的颜色失真。相机也是影响颜色的因素，镜头、感光媒体、色温设定，都会引起照片色彩的变化。冲印设备也是因素之一。

3.2.1 "自动颜色"命令

造成照片颜色失真的原因不同，那么照片颜色失真的程度也不同，如图 3-34 所示。使用 Photoshop CS6 的"自动颜色"命令，如图 3-35 所示，能快速地调整数码照片的色彩自动修正照片中的失真色彩，如图 3-36 所示。

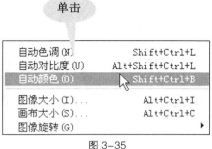

图 3-34　　　　　　　　　图 3-35　　　　　　　　　图 3-36

3.2.2 "可选颜色"命令

"可选颜色"命令可以对照片中的部分色彩进行有选择的修改，执行"图像>调整>可选颜色"菜单命令，如图 3-37 所示，打开"可选颜色"对话框，如图 3-38 所示。

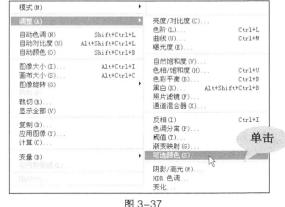

图 3-37　　　　　　　　　　　　　　　图 3-38

❶ 预设

单击"预设"下拉列表菜单，选择预设好的可选颜色调整数值，如图 3-39 所示，单击"预设选项"按钮，弹出下拉列表菜单栏，其中包括存储预设，载入预设，删除当前预设三项菜单命令，如图 3-40 所示。

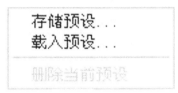

图 3-39　　　　　　　　　　　　　图 3-40

❷ **颜色**

从"颜色"菜单中选取调整颜色，如图 3-41 所示，向右拖动滑块以减少添加照片中该颜色的图素，如图 3-42 所示，或向左拖动滑块以添加所选颜色的图素，如图 3-43 所示。

| 图 3-41 | 图 3-42 | 图 3-43 |

知识补充　"可选颜色"对话框中的"颜色"选项包含了每个主要原色成分可以用于更改印刷色的数量，使用可选颜色校正印刷色而不改变整体颜色。

❸ **方法**

"相对"按照总量的百分比更改现有的青色、洋红、黄色、黑色的量，"绝对"采用绝对值调整颜色。

3.2.3 "色彩平衡"命令

"色彩平衡"命令可以更改图像的总体颜色混合对照片中的"阴影""中调""高光"3 个部分的色彩进行调整，并混合色彩达到平衡，执行"图像>调整>色彩平衡"菜单命令，打开"色彩平衡"对话框，如图 3-44 所示。

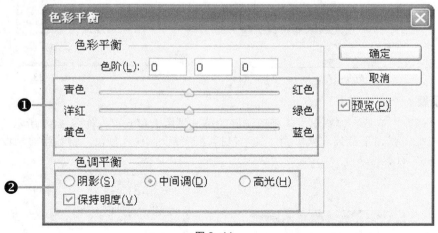

图 3-44

❶ 色彩平衡

打开一张素材图像，如图 3-45 所示，在色阶内直接输入数值设置色彩平衡的色阶，或者拖动滑块以调整图像的色彩平衡，如图 3-46 所示。

图 3-45

图 3-46

❷ 色调平衡

"色调平衡"选项用于选择着重更改的色调范围，其中包括"阴影"如图 3-47 所示，"中调"如图 3-48 所示，"高光"如图 3-49 所示。

图 3-47

图 3-48

图 3-49

**技巧
点拨**　在"色调平衡"选项中，勾选"保持明度"以防止图像亮度值随颜色更改而变化，该选项可以保持图像色调平衡。

3.2.4 实例精练——快速修复偏色的照片

由于光线、环境等各种原因，在使用数码相机拍摄照片时常会出现偏色现象，在 Photoshop CS6 中通过使用"自动色彩"命令还原照片中的真实色彩，使用"自动对比度"命令还原照片原本的对比度，自动调整命令能快速地修正照片中的偏色问题。

原始图像

最终图像

操作难度：★
综合应用：★
发散性思维：★

原始文件：随书光盘\素材\03\03.jpg
最终文件：随书光盘\源文件\03\快速修复偏色的照片.psd

STEP 01 自动对比度

打开随书光盘\素材\03\03.jpg 素材图片。
❶在"图层"面板中将"背景"图层拖曳至"创建新图层"按钮 上，创建一个"背景副本"图层。
❷执行"图像>自动对比度"菜单命令，修正照片对比度。

STEP 02 自动调整命令

❶执行"图像>自动颜色"菜单命令，修正照片颜色。
❷在图像窗口中查看效果。
❸执行"图像>自动色调"菜单命令，修正照片色调。
❹在图像窗口中查看效果。

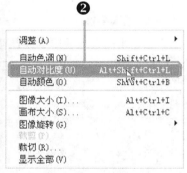

3.2.5 实例精练——调整褪色的彩色照片

将照片冲洗出来之后，随着时间的变化照片都会有不同程度的褪色情况，使得原本鲜艳明快的照片失去了它的"色彩"，看起来平淡无奇，使用 Photoshop CS6 修复照片的颜色，运用"可选颜色"菜单命令修正褪色照片的颜色，运用"自然饱和度"菜单命令让照片色彩更加丰富和明亮，使照片恢复原有的光彩。

原始图像

最终图像

操作难度：★
综合应用：★★
发散性思维：★★★

原始文件：随书光盘\素材\03\04.jpg
最终文件：随书光盘\源文件\03\调整褪色的彩色照片.psd

STEP 01 复制图层

打开随书光盘\素材\03\04.JPG 素材图片。

❶ 在"图层"面板中复制"背景"图层得到"背景副本"图层。

❷ 执行"图像>调整>可选颜色"菜单命令，打开"可选颜色对话框"对话框。

STEP 02 设置可选颜色

❶ 在"可选颜色"对话框中，设置颜色为"红色"，青色为-61，洋红为+5，黄色为+15。

❷ 设置颜色为"黄色"，青色为-100，洋红为+24，黄色为+29，黑色为+68。

❸ 设置颜色为"绿色"，青色为+78，洋红为-100，黄色为+100，黑色为0。

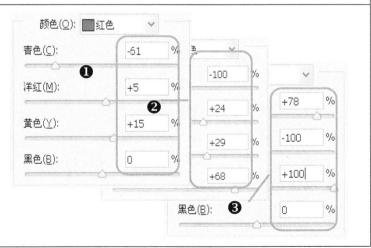

CHAPTER 3

STEP 03 调整自然饱和度

❶ 设置颜色为"青色",青色为+100,洋红为+100,黄色为+100,黑色为0。

❷ 设置颜色为"黑色",黑色为+21。

❸ 执行"图像>调整>自然饱和度"菜单命令,打开"自然饱和度"对话框,设置自然饱和度为+22,饱和度为+43。

❹ 在图像窗口查看效果。

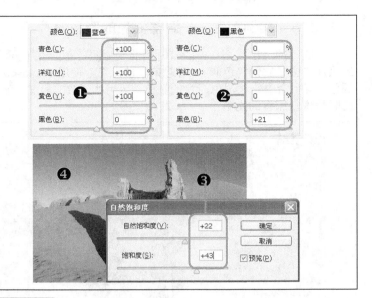

3.3 消除照片中的瑕疵

在拍摄照片时难免由于相机的原因为照片添加许多不必要的瑕疵,通过拍摄技术也是无法弥补的,那么就需要通过 Photoshop 来对照片进行后期处理,去除照片上的紫边和噪点。

3.3.1 "照亮边缘"命令

"照亮边缘"菜单命令位于滤镜风格化命令中,主要用于标识颜色的边缘,并添加霓虹灯的效果,执行"滤镜>风格化>照亮边缘"菜单命令,如图 3-50 所示,打开照亮边缘对话框设置参数,如图 3-51 所示。

图 3-50

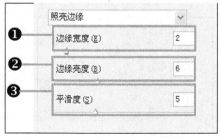

图 3-51

❶ 边缘宽度

"边缘宽度"选项为调整照亮边缘的宽度,拖动滑块以调整图像照亮边缘的宽度。数值为1～14 之间,数值越大边缘宽度越大,将数值设为 1 时,图像效果如图 3-52 所示;将数值设置为 5 时,图像效果如图 3-53 所示。

图 3-52

图 3-53

❷ 边缘亮度

"边缘亮度"选项为调整照亮边缘的亮度，拖动滑块以调整图像照亮边缘的亮度。数值为 0～20 之间，数值越大边缘亮度越大，当设置边缘亮度值为 5 时，图像效果如图 3-54 所示；当设置边缘亮度数值为 15 时，图像效果如图 3-55 所示。

图 3-54

图 3-55

❸ 平滑度

"平滑度"选项为调整照亮边缘的平滑度，拖动滑块以调整图像照亮边缘的平滑度。数值为 1～15，数值越大照亮边缘越平滑亮度越低，当设置平滑度为 1 时，图像效果如图 3-56 所示；当设置平滑度为 10 时，图像效果如图 3-57 所示。

图 3-56

图 3-57

边做边学——Photoshop CS6 数码艺术照片后期处理教程

"十二五"职业教育国家规划教材

3.3.2 "减少杂色"命令

"减少杂色"命令位于杂色滤镜中的第一项,"减少杂色"滤镜在保留图像边缘的同时减少图像中的杂色。执行"滤镜>杂色>减少杂色"菜单命令,如图 3-58 所示,打开"减少杂色"对话框,如图 3-59 所示。

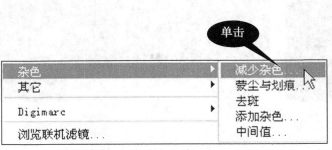

图 3-58　　　　　　　　　　　　　　　图 3-59

在"减少杂色"对话框右侧进行参数设置,其中包括"强度""保留细节""减少杂色""锐化细节"四项,如图 3-60 所示,拖曳滑块调整数值。

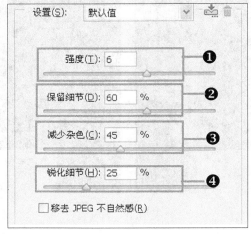

图 3-60

❶ 强度

强度即减少杂色的程度,数值为 0～10,数值越大减少杂色的程度越大,值为 0 时不具备减少杂色功能,如图 3-61 所示;值为 10 时照片将被模糊,如图 3-62 所示。

图 3-61　　　　　　　　　　　　　　　图 3-62

❷ **保留细节**

对图像细节进行调整，当"强度"为 0 时"保留细节"不可调整，如图 3-63 所示；数值为 0～100 之间，数值越大保留细节越多，值为 100 时最大限度还原照片被模糊的细节，如图 3-64 所示。

图 3-63　　　　　　　　　　　　　　　　图 3-64

❸ **减少杂色**

设置减少杂色的数量，数值为 0～100，调整数值大小均化照片色调，值为 100 时照片中的杂色全部去除。

❹ **锐化细节**

可对图像边缘进行锐化处理，数值为 0～100，值越大锐化程度越大，在对照片进行减少杂色时会造成照片的模糊，锐化细节将修正由于减少杂色带来的模糊。图 3-65 和图 3-66 所示分别为设置"锐化细节"为 10 和 100 时所得到的画面效果。

锐化细节(H): 10 %　　　　　　　　　　　锐化细节(H): 100 %

图 3-65　　　　　　　　　　　　　　　　图 3-66

知识补充　在"减少杂色"对话框中，包括"基本设置"和"高级设置"两种设置，基本设置是对整体图像"强度""保留细节""减少杂色""锐化细节"等的设置，高级设置是在基本设置的基础上除了对画面整体进行设置外还添加了对"每通道"的设置。

『十二五』职业教育国家规划教材

3.3.3 实例精练——消除紫边

紫边的形成是由于数码相机在拍摄背光物体的过程中由于被摄物体反差较大，在拍摄到的画面上出现色斑的现象，"紫边"往往出现在一张照片最显眼的地方，破坏了整个画面的美感。

原始图像

最终图像

操作难度：★★
综合应用：★
发散性思维：★★

原始文件：随书光盘\素材\03\05.jpg
最终文件：随书光盘\源文件\03\消除紫边.psd

STEP 01 调整阴影/高光

打开随书光盘\素材\03\05.psd素材图片。

❶将"背景"图层拖曳至"创建新图层"按钮 上，创建一个"背景副本"图层。

❷执行"图像>调整>阴影/高光"菜单命令，在打开的对话框中单击"确定"按钮。

❸在图像窗口中查看效果。

STEP 02 设置色彩范围

❶执行"选择>色彩范围"菜单命令，打开"色彩范围"对话框，设置"颜色容差"为200，单击"确定"按钮。

❷在图像窗口中查看设置的选区效果。

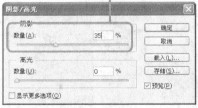

STEP 03　创建调整图层

❶执行"窗口>创建"菜单命令，打开"创建"面板，单击"可选颜色"按钮▣。

❷打开"属性"面板，选择"可选颜色"选项。

STEP 04　设置可选颜色

❶在打开的面板中的"颜色"列表下选择"红色"，设置"黑色"为-100%。

❷单击"颜色"下拉列表，选择"黄色"，设置"黑色"为-42%。

❸单击"颜色"下拉列表，选择"青色"，设置"黑色"为-100%。

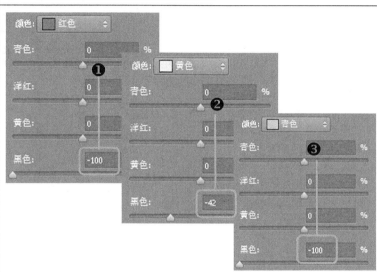

STEP 05　调整照片色彩

❶在图像窗口中查看设置的选区效果。

❷执行"窗口>创建"菜单命令，打开"创建"面板，单击"可选颜色"按钮▣。

❸打开"属性"面板，选择"可选颜色"选项，设置"饱和度"为-100。

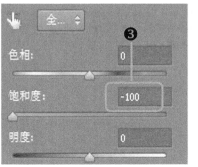

STEP 06　照片边缘图像

❶ 在图像窗口中查看设置的选区效果。

❷ 执行"滤镜>风格化>照亮边缘"菜单命令，打开"照亮边缘"对话框，设置边缘宽度为 1，边缘亮度为 5，平滑度为 7，设置完成后单击"确定"按钮。

❸ 在图像窗口中查看应用滤镜后的效果。

STEP 07　调整混合模式

❶ 设置混合模式为"叠加"，"不透明度"为 30%。

❷ 在图像窗口中查看图像效果。

❸ 选择"矩形选框工具"，设置羽化值为 100px，在图像下方绘制选区。

STEP 08　调整照片色彩

❶ 创建"亮度/对比度"调整图层，设置"亮度"为 36。

❷ 创建"色相/饱和度"调整图层，设置"饱和度"为+17。

❸ 在图像窗口中查看图像效果。

3.3.4　实例精练——去除照片中的噪点

噪点是指数码摄影器材在曝光时，由于图像传感器及其附属电路的电子热扰动及干扰而产生的杂散信号，这些杂散信号不规则地分布在图像上，引起图像质量下降，具体表现就是照片上有不规则分布的彩色斑点，特别是光线较暗时，拍出的照片往往噪点严重。

原始图像　　最终图像

操作难度：★★
综合应用：★★
发散性思维：★★★

原始文件：随书光盘\
素材\03\06.jpg
最终文件：随书光盘\
源文件\04\去除照片中的噪
点.psd

STEP 01　复制图层并放大

打开随书光盘\素材\03\06.jpg 素材图片。

❶ 在"图层"面板中，将"背景"图层拖曳至"创建新图层"按钮 上，创建一个"背景副本"图层。

❷ 使用"缩放工具" 在噪点位置进行拖曳，放大图像显示照片中有很多噪点。

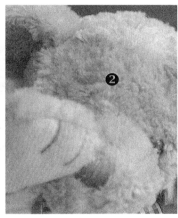

STEP 02　减少杂色

❶ 执行"滤镜>杂色>减少杂色"菜单命令，打开"减少杂色"对话框，选中"高级"，在整体选项中设置强度为 6，保留细节为 21，减少杂色为 100，锐化细节为 0。

❷ 在每通道选项中，设置通道为红，强度为 10，保留细节为 0；通道为绿，强度为 10，保留细节为 24；通道为蓝，强度为 10，保留细节为 24。

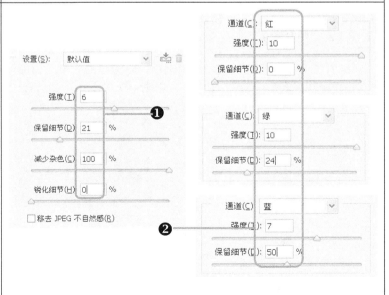

STEP 03 锐化照片

❶执行"滤镜>锐化>USM 锐化"菜单命令，打开"USM 锐化"对话框，设置数量为70，半径为2。

❷在图像窗口中查看效果。

❸执行"图像>调整>亮度/对比度"菜单命令，打开"亮度/对比度"对话框，设置亮度为41，对比度为6。

❹在图像窗口中查看效果。

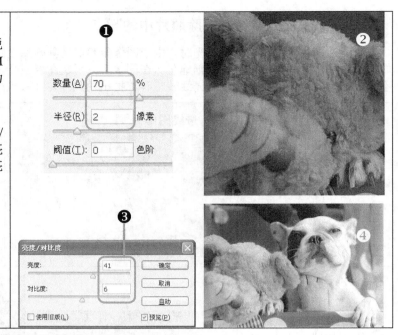

3.4 处理杂乱的照片背景

拍摄数码生活照片时很难做到像专业摄影师拍摄照片那样面面俱到，生活照中杂乱的背景是最让人头痛的，因为我们不可能为了拍照拆了一栋楼，这时后期处理就显得非常重要，在 Photoshop CS6 中有许多工具和命令能帮助在后期处理照片的时候去除照片中多余的物体，使照片背景变得简洁。

3.4.1 "修补工具"

"修补工具"能使用照片中其他区域的图像来修复当前选区的图像，并且将样本区域的图像与所修复的区域进行匹配，使修复后的图像与样本的图像相似。"修补工具"与"修复画笔工具"的区别是，"修复画笔工具"是以画笔点的形式修复图像，"修补工具"是以区域面的形式来修复图像。

"修补工具"位于工具箱中的第七项，右键单击工具箱内的"污点修复画笔工具"按钮 ，或者按 J 键即可选中"修补工具"，如图 3-67 所示。在选项栏中设置修补选项，如图 3-68 所示。

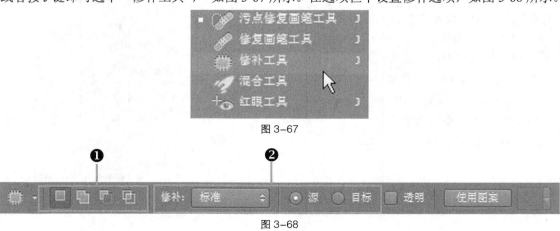

图 3-67

图 3-68

❶　设置选区

在选项栏中查看选项按钮，从左至右分别是"新选区"、"添加到选区"、"从选区减去"与"与选区交叉"。选中"新选区"在图像内能创建单个选区，再次选取时当前选区将被取消，如图 3-69 所示；选中"添加到选区"可以将两次勾画的选区合并为一个选区，如图 3-70 所示。

图 3-69

图 3-70

选中"从选区中减去"，在创建的选区中绘制同样的选区，则在原选区中减去新创建的选区，如图 3-71 所示；选中"选区交叉"，那么在新绘制选区后，选区结果将是保留新选区与原选区重叠部分的选区，如图 3-72 所示。

图 3-71

图 3-72

❷　修补设置

修补选项用于设置修补区域内修补图像的设置，选中"源"，选区内图像将被修补为目标点图像，如图 3-73 所示；选中"目标"，选区内图像将修补目标点图像，如图 3-74 所示。

图 3-73

图 3-74

技巧
点拨　在对照片使用"修补工具"进行修补时，由于无法设置羽化半径应注意修补图像与四周环境的融合度，防止修补过程中出现的图像延续性脱节问题。

3.4.2　"镜头模糊"滤镜

"镜头模糊"滤镜位于模糊滤镜中的第六项"更多模糊"滤镜组下，如图 3-75 所示，"镜头模糊"是模拟镜头景深产生的模糊效果为照片添加模糊效果。执行"滤镜>模糊>镜头模糊"菜单命令，打开"镜头模糊"对话框，在对话框右侧进行参数设置，如图 3-76 所示。

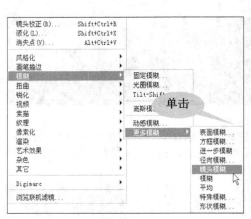

图 3-75

图 3-76

在"镜头模糊"对话框右侧，包括对模拟相机"光圈""镜面高光""杂色"和"分布"的设置，"光圈"选项内包含"半径""叶片弯度"和"旋转"设置，如图 3-77 所示；"镜面高光"选项内包含"亮度"和"阈值"设置，如图 3-78 所示。

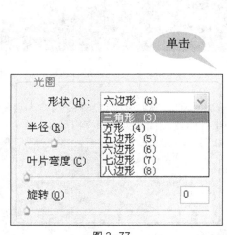

图 3-77

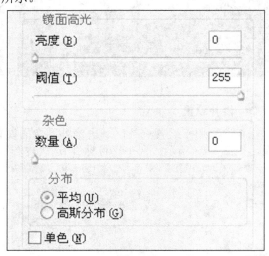

图 3-78

3.4.3　"色彩范围"命令

"色彩范围"命令位于选择菜单栏中的第八项，如图 3-79 所示，"色彩范围"命令能选择整个图像内指定的颜色或颜色子集，运用"色彩范围"命令能选中复杂轮廓的图像。执行"选择>色彩范围"菜单命令，打开"色彩范围"对话框，如图 3-80 所示。

图 3-79

图 3-80

❶　选择

单击"选择"下拉列表菜单，菜单中包括"取样颜色""红色""黄色""绿色""青色""蓝色""洋红""高光""中间调""溢色"，如图 3-81 所示，能快速地选取所需颜色。选中"高光"，图像中的高光部分将被选中，如图 3-82 所示。

图 3-81

图 3-82

❷　颜色容差

在"取样颜色"选择下，在选取颜色时拖曳鼠标，修改颜色容差以修改选取的颜色范围，往左拖曳鼠标缩小选取范围，如图 3-83 所示；往右拖曳鼠标扩大选取范围，如图 3-84 所示；修改颜色容差文本框中的数值能随意地选取所需颜色的范围，如图 3-85 所示。

图 3-83

图 3-84

图 3-85

技巧点拨 使用"色彩范围"来对图像进行选择的时候，通常情况下我们会先选中需要选中的图像的颜色，然后拖曳鼠标调整范围，对于无法扩展的地方我们可以使用"添加到取样"，增加取样的范围。

3.4.4 实例精练——用模糊处理杂乱的背景图像

在一个环境复杂的地方拍摄数码照片要注意对背景的把握，可是难免会将多余的物体拍摄下来，照片背景太过杂乱就会将照片中的主体"淹没"。在 Photoshop CS6 中，可以利用模糊滤镜对画面背景进行模糊处理，使杂乱的背景变得整洁，同时也让画面主次分明。

原始图像　最终图像

操作难度：★★
综合应用：★★
发散性思维：★★★

原始文件：随书光盘\素材\03\07.jpg
最终文件：随书光盘\源文件\03\用模糊处理杂乱的背景图像.psd

STEP 01 复制设置选区
打开随书光盘\素材\03\07.jpg素材图片。

❶ 在"图层"面板中，将"背景"图层拖曳至"创建新图层"按钮上，创建一个"背景副本"图层。

❷ 使用"快速选择工具"在图像中单击，创建选区。

❸ 按下快捷键 Shift+F6，打开"羽化选区"对话框，设置"羽化半径"为2。

STEP 02　复制选区

❶按下快捷键 Ctrl+Shift+I，反选选区。

❷按下快捷键 Ctrl+J，复制选区内的图像。

❸在图像窗口中查看复制的图像。

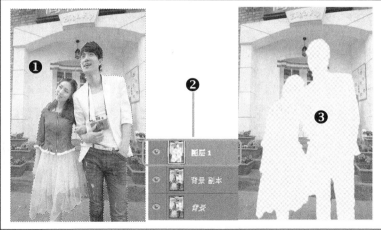

STEP 03　添加模糊滤镜

❶执行"滤镜>模糊>更多模糊>镜头模糊"菜单命令，打开"镜头模糊"对话框，设置形状为六边形，半径为 10，叶片弯度为 26，旋转为 70。

❷在图像窗口中查看模糊后的画面。

STEP 04　添加模糊滤镜

❶复制"图层 1"图层，得到"图层 1 副本"图层。

❷执行"滤镜>模糊>更多模糊>镜头模糊"菜单命令，设置形状为六边形，半径为 17，叶片弯度为 26，旋转为 70，进一步模糊图像。

❸为"图层 1 副本"图层，添加图层蒙版。

❹在工具箱中，单击"渐变工具"按钮，然后从图像下方往上拖曳鼠标，填充渐变。

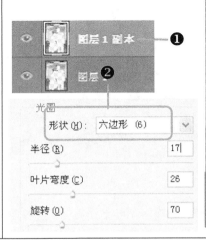

STEP 05 调整照片色彩

❶ 选择"画笔工具" ✎，在蒙版中涂抹，调整蒙版范围。

❷ 创建"色相/饱和度"调整图层，输入"饱和度"为+10。

❸ 在图像窗口中查看设置效果。

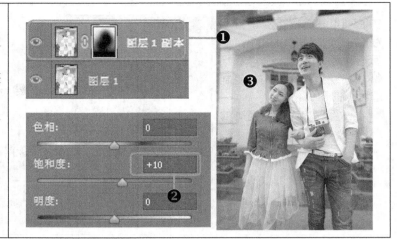

3.5 技能训练——消除照片中的多余人影

本章主要学习了数码照片的修复技术，包括常用的"污点修复画笔工具""修复画笔工具""修补工具""自动颜色"等多种不同的图像修复工具和命令，运用这些工具和命令可以修复照片中出现的各类瑕疵，在下面的技能训练中，将使用本章所学的知识，对照片中出现的多余人影进行修复，让画面变得更为整洁、干净。

➤➤ 01 设计效果

【习题素材】随书光盘\技能训练\素材\03\01.jpg（见图 3-86）

【习题源文件】随书光盘\技能训练\源文件\03\消除照片中的多余人影.psd

图 3-86

➤➤ 02 制作流程

● 在打开的照片中，可以看到图像下方的多余人影，选择用于修复的图像，如图 3-87 所示。

● 将用于修复的图像通过仿制复制操作，进行图像的瑕疵修复，如图 3-88 所示。

● 对修复后的图像色彩进行简单的调整，使修复后的图像颜色更自然，如图 3-89 所示。

图 3-87　　　　　　　　　　图 3-88　　　　　　　　　　图 3-89

3.6　课后习题——修复并平衡照片色彩

【习题知识要点】执行"自动颜色"命令校正偏色图像，设置"色彩平衡"平衡图像阴影、中间调与高光颜色，调整饱和度让画面色彩更靓丽，修复照片中的色彩让画面颜色更为清新，经过调整后的照片效果如图 3-90 所示。

【习题素材】随书光盘\习题\素材\03\01.jpg

【习题源文件】随书光盘\习题\源文件\03\修复并平衡照片色彩.psd

图 3-90

第4章
照片的锐化和润饰

为了保证修正模糊图像的效果，对图像进行锐化操作的方法有很多，选择合适的方法最大限度地减少图像的损失，使用简单的操作对损失图像进行修补和对图像进行润饰。

本章的重要概念有：理解锐化工具的种类和原理，了解不同锐化方法的区别，掌握简单的润饰照片的技巧和方法。

本章知识点：

☑ 高品质的锐化技术
☑ 数码照片的简单润饰

4.1 高品质的锐化技术

使用没有防抖动功能的相机进行拍摄，手持相机拍摄出来的数码照片或多或少都会有模糊现象，在 Photoshop CS6 中提供了许多锐化模糊照片的功能，便于对数码照片进行后期的修正处理，但是部分锐化会造成图像在锐化过程中的部分图像损失，为了保证照片的质量可以使用高质量的锐化技术。

4.1.1 "锐化工具"

使用"锐化工具"能增加边缘对比度以增强外观上的锐化程度，在工具栏中"锐化工具"位于第十三项，默认情况是"模糊工具"，单击右键在弹出的菜单栏中选择"锐化工具"，选中"锐化工具"查看选项栏中的选项设置，如图 4-1 所示。

图 4-1

❶ 模式

"模式"选项用于设置锐化时的混合模式，单击模式下拉列表，在弹出的下拉列表中包括"正常""变暗""变亮""色相""饱和度""颜色""明度"7 种模式，如图 4-2 所示。设置模式为"变暗"，如图 4-3 所示；修改模式为"变亮"，如图 4-4 所示。

图 4-2   图 4-3   图 4-4

❷ 强度

"强度"选项用于设置锐化画笔的强度，数值为 0～100%，数值越大锐化线条的颜色越深，如图 4-5 所示；数值越小锐化线条的颜色越浅，如图 4-6 所示。

图 4-5

图 4-6

❸ 对所有图层取样

勾选"对所有图层取样"复选框，锐化工具将对所有都起作用，取消勾选"保留细节"复选框，锐化过程中图像细节将被破坏，如图 4-7 所示；勾选"保留细节"复选框，锐化过程中图像细节将被保留，如图 4-8 所示。

图 4-7

图 4-8

技巧点拨 使用"锐化工具"在某区域上方绘制的次数越多，增加的锐化效果越明显，为了防止图像色彩变异需要适当使用锐化工具。

4.1.2 "高反差保留"滤镜

"高反差保留"滤镜位于滤镜库中其他滤镜的第一项，如图 4-9 所示，"高反差保留"滤镜在强烈颜色转换的地方按指定半径保留边缘细节，并且不显示图像的其余部分，如图 4-10 所示。

图 4-9

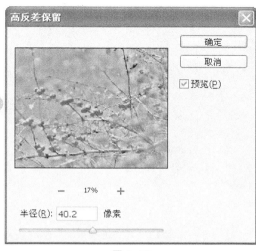

图 4-10

"高反差保留"滤镜应用于连续色调的图像将会很有帮助，在处理光线较弱的图像时，如图 4-11 所示，该滤镜能调整图像亮度，降低阴影部分的饱和度，如图 4-12 所示。

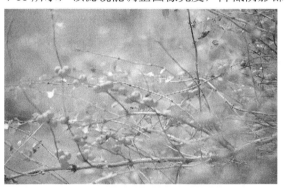

图 4-11

图 4-12

"高反差保留"滤镜适合从扫描图像中取得艺术线条和大的黑白区域，如图 4-13 所示，通过设置"高反差保留"滤镜的半径像素可调整照片内所需的艺术线条和黑白区域，如图 4-14 所示。

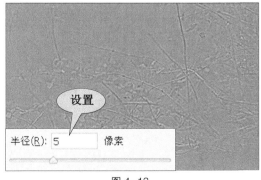

图 4-13

图 4-14

使用"高反差保留"滤镜能保留图像边缘细节。打开一张素材图像，如图 4-15 所示，使用"高反差保留"滤镜对照片进行锐化处理能够将模糊的照片变清晰，锐化对毛发具有显著效果，如图 4-16 所示。

图 4-15　　　　　　　　　　　　　　　图 4-16

技巧点拨　"高反差保留"滤镜能够移除图像中的低频细节，与"高斯模糊"滤镜的效果刚好相反，因此使用"高反差保留"滤镜能有效地去除类似于"高斯模糊"的照片模糊。

4.1.3　"USM 锐化"滤镜

　　"USM 锐化"滤镜位于滤镜库中锐化滤镜组的第一项，如图 4-17 所示，执行"滤镜>锐化>USM 锐化"菜单命令，打开"USM 锐化"对话框，如图 4-18 所示。使用"USM 锐化"滤镜，调整图像边缘细节的对比度，并在边缘生成一条亮线使边缘突出，在视觉上达到锐化图像的效果。

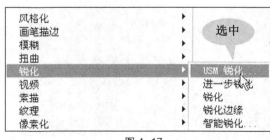

图 4-17

图 4-18

❶　**数量**

　　"数量"即锐化的程度，USM 锐化是通过提高边缘像素的反差来实现的，设置的参数越大边缘像素明暗对比越大，锐化越明显，用户可设置的数量值范围为 1%～500%，图 4-19 所示为原图像，设置数量为 170% 时，效果如图 4-20 所示。

图 4-19

图 4-20

❷　半径

"半径"决定了从边缘开始向外影响的范围，半径值的范围为 0.1～250.0 像素，半径值越大影响的范围越大，勾勒的边缘越宽，如图 4-21 所示；半径值越小影响的范围越小，勾勒的边缘越窄，如图 4-22 所示。

图 4-21

图 4-22

❸　阈值

阈值设置了锐化的平均颜色的范围，阈值越小边缘像素越多，图像锐化效果越明显，如图 4-23 所示，阈值越大边缘像素越少，图像锐化效果越弱，如图 4-24 所示，阈值的设置主要是为了避免锐化过程中由于锐化引起的斑点、麻点问题。

图 4-23

图 4-24

技巧点拨 对于专业色彩校正可使用"USM 锐化"滤镜调整边缘细节对比度，提亮照片的亮度。

4.1.4 "智能锐化"滤镜

"智能锐化"滤镜位于滤镜库中锐化滤镜组的最后，如图 4-25 所示，执行"滤镜>锐化>智能锐化"菜单命令，打开"智能锐化"对话框，如图 4-26 所示。使用"USM 锐化"滤镜可对图像的锐化做智能调整，达到更好的锐化效果。

图 4-25

图 4-26

❶ 数量

"数量"用于控制锐化的程度，智能锐化是通过设置锐化算法或控制阴影和高光中的锐化量来锐化图像，设置的参数越大边缘像素明暗对比越大，锐化越明显，用户可以设置 1%～500%的任意数值。当打开如图 4-27 所示的素材图像，设置"数量"为 200%时，效果如图 4-28 所示。

图 4-27

图 4-28

❷ 半径

"半径"用于调整从边缘开始向外影响的范围，可以设置的范围为 0.1～250.0 像素，用户输入的半径值越大影响的范围越大，锐化效果越明显。图 4-29 所示为半径为 0.5 像素时得到的锐化效果，图 4-30 所示为锐化半径为 3 像素时得到的图像效果。

数量(A): 200 %

半径(R): 0.5 像素

设置

图 4-29

设置

数量(A): 200 %

半径(R): 3 像素

图 4-30

技巧点拨 单击"智能锐化"对话框右侧的"高级"单选按钮,将会打开高级设置选区,用户可以对各种通道进行锐化设置。

4.1.5 实例精练——突出细节的照片锐化处理

美食的诱惑总是让人难以抗拒,一道成功的食物色香味缺一不可,那么对于美食不仅要吃还要看,用数码相机拍下诱人的美食也是很美妙的一件事,通过 Photoshop 对食物照片进行锐化处理,突出细节,在享受美味的同时保留住食物的美丽。

原始图像

最终图像

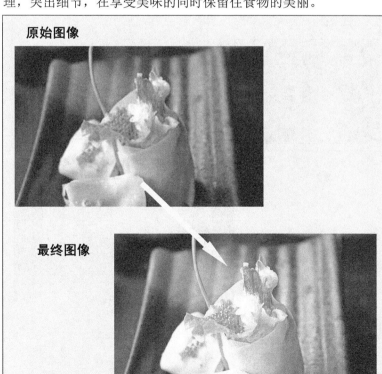

操作难度:★★
综合应用:★★
发散性思维:★★

原始文件:随书光盘\
素材\04\01.pg
最终文件:随书光盘\
源文件\04\突出细节的照片
锐化处理.psd

『十二五』职业教育国家规划教材

STEP 01 复制图层并调亮

打开随书光盘\素材\04\01.jpg 素材图片。

❶在"图层"面板中，复制"背景"图层得到"背景副本"图层。

❷执行"图像>调整>亮度/对比度"菜单命令，打开"亮度/对比度"对话框，设置亮度为 30，设置完成后单击"确定"按钮。

❸在图像窗口中查看效果。

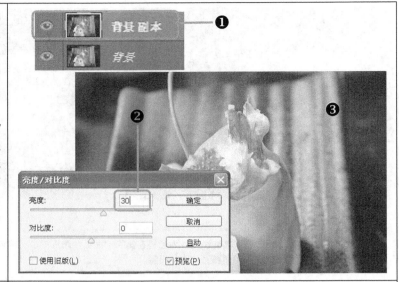

STEP 02 复制图层并去色

❶在"图层"面板中，复制"背景副本"图层得到"背景副本 2"图层。

❷执行"图像>调整>去色"菜单命令。

❸执行"滤镜>其它>高反差保留"菜单命令，打开"高反差保留"对话框，设置半径为 8。

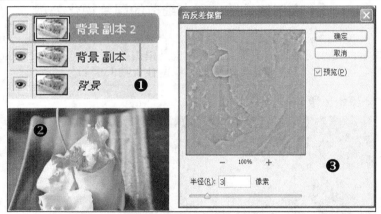

STEP 03 设置可选颜色

❶在"图层"面板中，设置混合模式为"叠加"。

❷在图像窗口中查看效果。

❸按快捷键 Ctrl+Shift+Alt+E 盖印可见图层。

❹执行"图像>调整>可选颜色"菜单命令，打开"可选颜色"对话框，设置颜色为"红色"，青色为-43，洋红为+53，黄色为+61，黑色为+5。

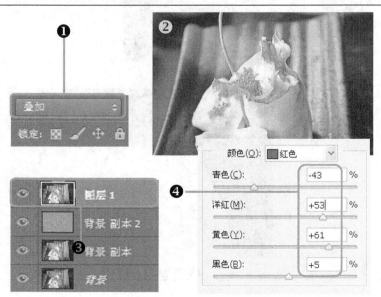

STEP 04　调整颜色

❶设置颜色为"黄色",洋红为+33,黄色为+1;设置颜色为"绿色",青色为+50,洋红为-21,黄色为+55,黑色为+32。

❷使用"缩放工具" 并拖曳鼠标,放大图像查看锐化细节。

❸在图像窗口中查看效果。

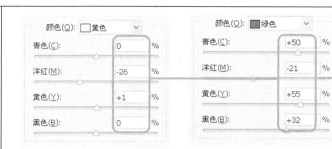

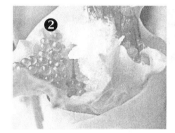

STEP 05　绘制选区锐化图像

❶选择"椭圆选框工具" ,在选项栏中设置"羽化"值为100px。

❷在图像中绘制椭圆选区。

❸按下快捷键 Ctrl+Shift+I,反选选区。

❹执行"滤镜>杂色>减少杂色"菜单命令,打开"减少杂色"对话框,设置"强度"为 9,"减少杂色"为100%。

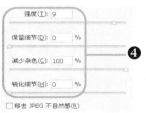

STEP 06　调整曲线

❶打开"创建"面板,单击"曲线"按钮 。

❷打开"属性"面板,在该面板中单击并拖曳曲线。

❸在图像窗口中查看效果。

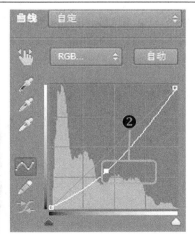

4.1.6　实例精练——对照片的整体进行锐化

在光线比较暗的环境中拍摄出来的照片会比较模糊，要将照片变得清晰，除了"高反差保留"滤镜能对照片进行高保真的锐化外，"USM 锐化"滤镜也能在很好地保证照片质量的前提下对照片进行锐化，让照片的色调更加明亮。

原始图像

最终图像

操作难度：★
综合应用：★★
发散性思维：★★

原始文件：随书光盘\素材\04\02.jpg
最终文件：随书光盘\源文件\04\对照片的整体进行锐化.psd

STEP 01　锐化图像

打开随书光盘\素材\04\02.jpg 素材图片。

❶ 在"图层"面板中，复制"背景"图层得到"背景副本"图层。

❷ 执行"滤镜>锐化>USM 锐化"菜单命令，打开"USM 锐化"对话框，设置数量为140%，半径为5，阈值为2。

❸ 在图像窗口中查看效果。

STEP 02　设置色相/饱和度

❶ 新建"色相/饱和度"调整图层，设置全图饱和度为+30。

❷ 继续在"属性"面板中设置颜色为"绿色"，饱和度值为+25。

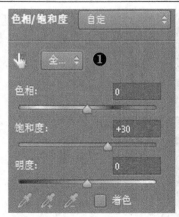

STEP 03 调整亮度/对比度

❶使用"快速选择工具"在画面上创建选区。

❷新建"亮度/对比度"调整图层，在"属性"面板中设置"亮度"为22，"对比度"为12。

❸盖印图层，执行"滤镜>杂色>减少杂色"菜单命令，打开"减少杂色"对话框，在对话框中设置参数，单击"确定"按钮。

❹在图像窗口中查看效果。

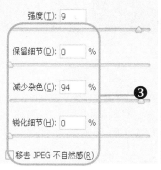

4.2　数码照片的简单润饰

为了使数码照片更加完美，在色调、清晰度各个方面都达到最佳效果，使用 Photoshop CS6 中的自动色调和锐化工具对照片进行润饰。

4.2.1　"自动色调"命令

"自动色调"命令位于调整菜单中的第 3 项，如图 4-31 所示，"色调"是对一张照片整体颜色的概括，通常可以从色相、明度、纯度 3 个要素来定义一张照片的色调，"自动色调"命令可以自动调整图像中的明度、纯度、色相，均化图像的整体色调。

模式 (M)	▶
调整 (A)	▶
自动色调 (N)	Shift+Ctrl+L
自动对比度 (U)	Alt+Shift+Ctrl+L
自动颜色 (O)	Shift+Ctrl+B
图像大小 (I)...	Alt+Ctrl+I
画布大小 (S)...	Alt+Ctrl+C
图像旋转 (G)	▶

图 4-31

知识补充 默认情况下，"自动色调"命令会剪切白色黑色像素 0.1%，在标识图像中最亮和最暗像素的同时忽略两个极端相值前的 0.1%。

"自动色调"命令是通过调整照片的黑场和白场，剪切每个通道中的阴影和高光部分，并将每个颜色通道中最暗和最亮的像素映射到纯黑和纯白，中间像素值重新按比例分布，增加图像中的对比度，如图 4-33 所示。

图 4-32   图 4-33

4.2.2 "自动对比度"命令

"自动对比度"命令位于调整菜单中的第二项，如图 4-34 所示，"自动对比度"菜单命令将自动调整数码照片的对比度，它通过裁剪数码照片中的阴影和高光值，再将照片剩余部分的最亮和最暗像素映射到纯白和纯黑，使照片的高光部分看起来更亮，阴影部分看起来更暗，如图 4-35 所示。

模式 (M)	▶
调整 (A)	▶
自动色调 (N)	Shift+Ctrl+L
自动对比度 (U)	Alt+Shift+Ctrl+L
自动颜色 (O)	Shift+Ctrl+B
图像大小 (I)...	Alt+Ctrl+I
画布大小 (S)...	Alt+Ctrl+C
图像旋转 (G)	▶

单击

图 4-34

打开素材图像后，执行"图像>自动对比度"菜单命令，或按下快捷键 Ctrl+Shift+Alt+L 即可快速调整照片中的对比度，使图像的影调恢复正常，如图 4-46 所示。

图 4-35   图 4-36

4.2.3 "蒙尘与划痕"命令

在 Photoshop 中有许多方法能让照片更加细腻，减少照片中的颗粒感，其中包括"蒙版与划痕"滤镜、"减少杂色"滤镜、"去斑"滤镜模糊滤镜，"蒙版与划痕"命令能很好地去除画面中的杂点。

"蒙版与划痕"滤镜位于杂色滤镜组中的第二项，该滤镜主要通过更改相异的像素减少杂色，功能在于减少画面中的杂色，减少画面中的划痕，执行"滤镜>杂色>蒙版与划痕"菜单命令，如图 4-37 所示，打开"蒙版与划痕"对话框，如图 4-38 所示。

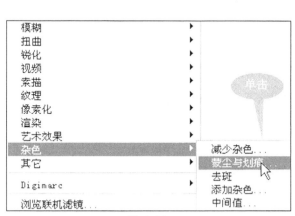

图 4-37

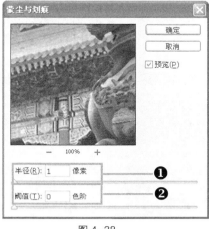

图 4-38

❶ 半径

"半径"选项用来确定搜索不同区域的像素大小，数值为 0～100，数值越大图像越模糊。打开图 4-39 所示的素材图像，设置"半径"为 6 像素时，得到图 4-40 所示的图像，此时可看到模糊的画面效果。

图 4-39

图 4-40

技巧点拨 设置"半径"值时一般使用消除杂点的半径最小值，阈值滑块对 0～128 的值（图像的常用范围）可以提供比 128～255 之间的值更好的控制。

❷ 阈值

通过输入数值来逐渐增大阈值，直到消除瑕疵的最大值，主要用于对图像细节进行调整，阈值数值为 0～255，数值越大保留的细节越多，值为 255 时最大限度还原照片被模糊的细节。图 4-41 所示为设置阈值为 255 时所得的效果，图 4-42 所示为设置阈值为 11 时所得的效果。

图 4-41   图 4-42

4.2.4 实例精练——快速还原真实的照片色彩

数码照片在不同程度上都存在偏色问题，这不仅与拍摄的环境有关，还和拍摄照片的数码相机本身有关，是不可避免的，在对照片进行处理时还原景物原本的色彩也是很关键的一点，使用"可选颜色"菜单命令能快速准确地还原照片的真实色彩。

原始图像

最终图像

操作难度：★★
综合应用：★★
发散性思维：★★★

原始文件：随书光盘\
素材\04\03.jpg
最终文件：随书光盘\
源文件\04\快速还原真实的
照片色彩.psd

STEP 01 复制图层自动颜色

打开随书光盘\素材\04\03.jpg
素材图片。

❶在"图层"面板中，复制背景图层得到"背景副本"图层。

❷执行"图像>自动颜色"菜单命令，自动调整照片颜色。

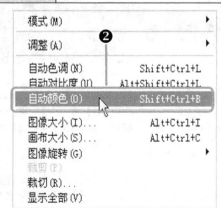

模式(M)	▶
调整(A)	❷ ▶
自动色调(N)	Shift+Ctrl+L
自动对比度(U)	Alt+Shift+Ctrl+L
自动颜色(O)	Shift+Ctrl+B
图像大小(I)...	Alt+Ctrl+I
画布大小(S)...	Alt+Ctrl+C
图像旋转(G)	▶
裁剪(P)	
裁切(R)...	
显示全部(V)	

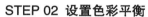

STEP 02 设置色彩平衡

❶新建"色彩平衡"调整图层，打开"属性"面板，设置颜色值为+31、-3、-18。

❷在图像窗口中查看效果。

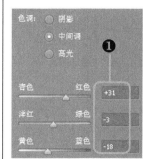

STEP 03 调整可选颜色

❶新建"可选颜色"调整图层，在打开的"属性"面板中，设置红色百分比为-100、+47、0、0。

❷在打开的"属性"面板中，设置黄色百分比为+80、-17、+57、0。

❸在打开的"属性"面板中，设置青色百分比为+69、+66、-100、+63。

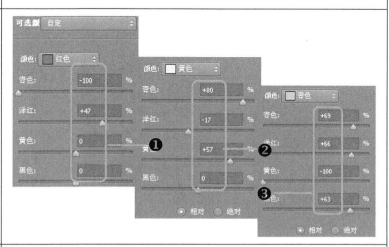

STEP 04 调整颜色

❶在打开的"属性"面板中，设置洋红百分比为-100、0、0、0。

❷在图像窗口中查看效果。

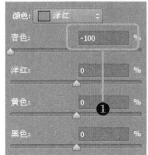

STEP 05 设置亮度/对比度

❶新建"亮度/对比度"调整图层，设置"亮度"为10，"对比度"为11。

❷打开"图层"面板，单击"亮度/对比度 2"图层蒙版缩览图，使用"画笔工具" 在天空亮部区域涂抹。

❸在图像窗口中查看效果。

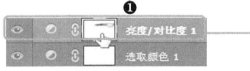

STEP 06 创建图层选区

❶ 按快捷键 Ctrl+Shift+Alt+E 盖印可见图层。

❷ 执行"选择>色彩范围"菜单命令，打开"色彩范围"对话框，设置"颜色容差"值为141。

❸ 在图像窗口中查看选区效果。

STEP 07 设置照片滤镜

❶ 新建"照片滤镜"调整图层，在"滤镜"下拉列表中选择"青"滤镜。

❷ 在图像窗口中查看效果。

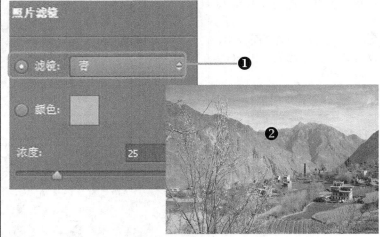

STEP 08 调整色阶

❶ 新建"照片滤镜"调整图层，打开"属性"面板，在"色阶"下拉列表中选择"增加对比度3"选项。

❷ 在图像窗口中查看效果。

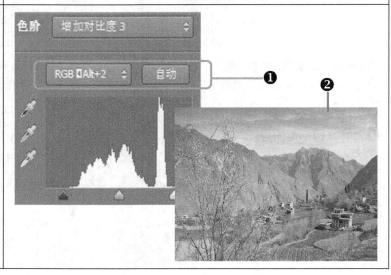

4.2.5　实例精练——消除多余的杂点

在打印照片时如果使用的是不好的打印机,打印出来的照片就会有杂点甚至是划痕,使用"蒙版与划痕"滤镜可以让照片上的杂点和划痕消失得无影无踪。

原始图像　　最终图像

操作难度：**★★**
综合应用：**★★**
发散性思维：**★★★**

原始文件：随书光盘\
素材\04\04.jpg
最终文件：随书光盘\
源文件\04\消除多余的杂
点.psd

STEP 01　消除划痕

打开随书光盘\素材
\04\04.jpg 素材图片。

❶ 在"图层"面板中复制
"背景"图层得到"背景副
本"图层。

❷ 执行"滤镜>杂色>蒙尘
与划痕"菜单命令。

❸ 打开"蒙尘与划痕"对
话框,设置半径为1,阈值
为16。

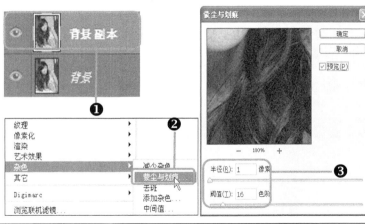

STEP 02　减少杂色

❶ 执行"滤镜>杂色>减少
杂色"菜单命令,打开"减
少杂色"对话框,设置强度
为9,保留细节为14,减少
杂色为 13%,锐化细节为
0%。

❷ 执行"图像>调整>自然
饱和度"菜单命令,打开"自
然饱和度"对话框,设置自
然饱和度为 12,饱和度为
+7,单击"确定"按钮。

❸ 在图像窗口中查看效果。

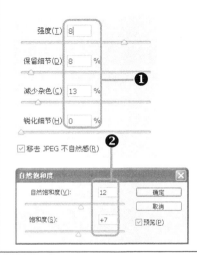

『十二五』职业教育国家规划教材

STEP 03　锐化选区图像

❶在工具箱中选中"套索工具"，在选项栏中设置羽化值为6px。

❷沿嘴唇及眼睛边缘绘制选区。

❸执行"滤镜>锐化>USM锐化"菜单命令，打开"USM锐化"对话框，设置"数量"为58%，"半径"为5.0像素，"阈值"为2色阶。

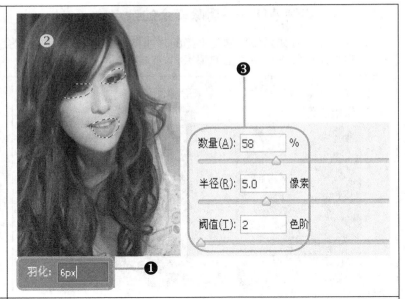

STEP 04　设置色阶

❶新建"色阶"调整图层，打开"属性"面板，设置色阶值为9、1.04、250。

❷在图像窗口中查看效果。

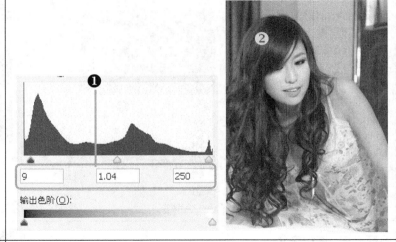

STEP 05　调整颜色

❶执行"图像>调整>色相/饱和度"菜单命令，打开"色相/饱和度"对话框，设置饱和度为+3。

❷继续在"色相/饱和度"对话框中设置"红色"饱和度为+6。

❸在图像窗口中查看效果。

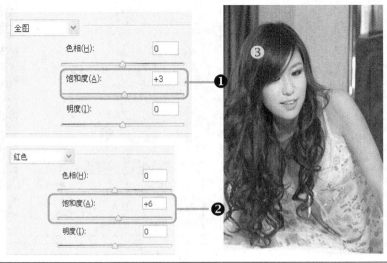

4.3 技能训练——修饰和美化照片提升画面品质

本章主要学习了数码照片的锐化与润饰技术，包括"锐化工具""高反差保留"滤镜、"USM锐化""自动对比度"等命令，运用这些图像工具和命令可以对模糊的照片进行快速的锐化和简单的色彩润饰。下面的技能训练中，读者可以运用本章所学知识，对照片进行美化，增加画面的层次感。

▶▶ 01 设计效果

【习题素材】随书光盘\技能训练\素材\04\01.jpg（见图4-43）

【习题源文件】随书光盘\技能训练\源文件\04\修饰和美化照片提升画面品质.psd

图4-43

▶▶ 02 制作流程

● 利用自动调整命令，对照片的影调进行调整，还原图像的色彩与明暗对比，如图4-44所示。

● 放大图像发现人物有些模糊，利用锐化滤镜锐化照片，使画面变清晰，如图4-45所示。

● 由于图像较暗，可以适当地进行提亮，最后添加文字与花纹进行修饰，如图4-46所示。

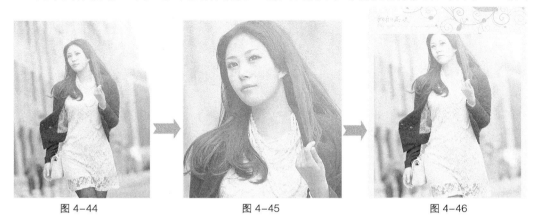

图4-44　　　　　　　　　图4-45　　　　　　　　　图4-46

4.4 课后习题——通过锐化让图像变得更清晰

【习题知识要点】复制通道并对通道中的图像应用"照亮边缘"效果，设置"绘画涂抹"滤镜加深纹理，最后用"USM 锐化"滤镜进一步锐化照片，得到清晰的图像，效果如图 4-47 所示。

【习题素材】随书光盘\习题\素材\04\01.jpg

【习题源文件】随书光盘\习题\源文件\04\设置 LOMO 风格照片效果.psd

图 4-47

第5章
数码照片的光影处理

数码照片的光影处理一般有两个方面，一是调整照片的曝光程度，使照片清晰明亮，二是为照片添加特殊的光影效果，制作逼真的光照效果，美化照片。

本章的重要概念有：理解曝光的基础知识，使用不同的菜单命令来调整照片的曝光度，了解光照效果的不同光照类型。

本章知识点：

☑ 照片的曝光处理
☑ 增强数码照片的光影效果

5.1 照片的曝光处理

照片的拍摄效果与曝光情况有着直接关系，照片的曝光量控制了整张照片的明暗，一张正确曝光的照片无论阴影和高光区都拥有由黑到白、清晰丰富的影调细节，然而不是所有照片都有很好的曝光，在 Photoshop CS6 中最常用的调整照片曝光量的方法有调整照片的"亮度/对比度"和使用"曝光度"命令调整照片的曝光量。

5.1.1 "亮度/对比度"命令

"亮度/对比度"菜单命令能对图像的色调范围进行简单的调整，执行"图像>调整>亮度/对比度"菜单命令，打开"亮度/对比度"对话框，如图 5-1 所示。

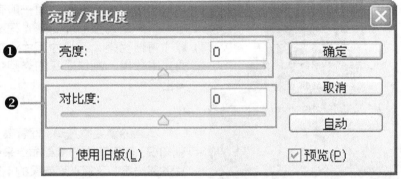

图 5-1

❶ 亮度

"亮度"用于调整照片中的亮度，范围为-150 至+150 之间，拖曳滑块调整亮度数值，数值越大照片越亮，如图 5-2 所示为素材图像，设置亮度为 50 时，效果如图 5-3 所示。

图 5-2

图 5-3

❷ 对比度

"对比度"用于调整照片中的对比范围，范围为-50 至+100 之间，拖曳滑块调整对比度，数值越大增加对比度的强度越大，黑白值范围增加则照片影调对比增强，图 5-4 所示为对比度为 0 时的效果，图 5-5 所示为对比度为 100 时的效果。

图 5-4   图 5-5

**技巧
点拨** 当选定使用旧版本时，"亮度/对比度"在调整亮度时只能简单地增大或减小所有像素值，由于这样会造成修剪高光和阴影区域使其中的图像细节丢失，因此在对摄影照片进行处理时不建议使用旧版本对图像进行调整。

5.1.2 "色阶"命令

　　"色阶"命令是非常直观的亮度调整命令，它可以根据照片的曝光直方图确定图像需要调整的幅度。使用"色阶"命令可以通过分别调整图像的阴影、中间调整和高光的强度级别来校正数码照片的光影问题。执行"图像>调整>色阶"菜单命令，即可打开如图 5-6 所示的"色阶"对话框。

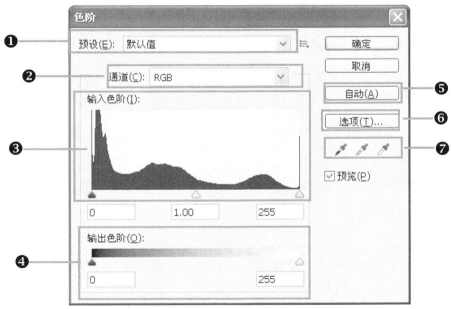

图 5-6

❶ 预设

　　"预设"下拉列表提供了多种系统预设的色阶调整效果，如图 5-7 所示，用户可以根据需要选择不同的选项，使数码照片得到需要的显示效果，图 5-8 所示为原图像效果，选择"加亮阴影"

色阶后，效果如图 5-9 所示。

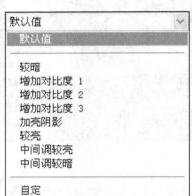

图 5-7

图 5-8

图 5-9

❷ **通道**

"通道"下拉列表提供了当前打开图像的所有颜色通道，用于选择合适通道进行明暗的调整。打开素材图像后单击"通道"下拉按钮，如图 5-10 所示，在打开的下拉列表中查看到具体的单个通道，选择"绿"通道，调整色阶，效果如图 5-11 所示；选择"蓝"通道，调整色阶，效果如图 5-12 所示。

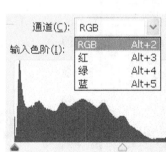

图 5-10

图 5-11

图 5-12

 知识补充 在拍摄数码照片时，中央重点测光模式适用于拍摄主题在中央，且光线均匀的情况，如建筑物特写等，点测光模式则适用于画面中出现明暗差异较大的情况，如舞台灯光等。

❸ **输入色阶**

通过拖曳"输入色阶"下方的滑块可以快速调整数码照片的色调和影调。拖曳左侧的黑色滑块或在数值框中输入数值，可设置图像暗部的色调；拖曳中间的灰色滑块或在数值框中输入数值，可设置图像的中间调；拖曳右侧的白色滑块或在数值框中输入数值，可以设置图像的亮部色调。将中间的"输入色阶"滑块向左拖曳，可以使图像整体变亮，如图 5-13 所示；向右拖曳滑块，可以使图像整体变暗，如图 5-14 所示。

图 5-13　　　　　　　　　　　　　　　图 5-14

❹　输出色阶

拖曳"输出色阶"下方的滑块可以快速调整照片的亮度。若向右拖曳黑色输出滑块，则图像整体变亮，如图 5-15 所示；向左拖曳白色输出滑块，则图像整体变暗，如图 5-16 所示。

图 5-15　　　　　　　　　　　　　　　图 5-16

❺　自动

单击"自动"按钮，则自动调整图像的对比度和明度，打开图 5-17 所示的素材照片，单击"自动"按钮，图像效果如图 5-18 所示。

图 5-17　　　　　　　　　　　　　　　图 5-18

❻ 选项

单击"选项"按钮，将打开"自动颜色校正选项"对话框，如图 5-19 所示，在对话框中单击"增强单色对比度"单选按钮，则可在不更改颜色平衡的情况下平衡图像的对比度；单击"增加每通道的对比度"单选按钮，则会为每个颜色通道单独平衡对比度，并消除多余偏色；单击"查找深色与浅色"单选按钮，则会将最近调整图像中所有接近中性中间调与等量的主色调调节成真正的中性；单击"Enhance Brightness and Contrast"单选按钮，则会同时提高图像的亮度和对比度。图 5-20 和图 5-21 分别为单击"增强每通道的对比度"按钮和"Enhance Brightness and Contrast"按钮后得到的效果。

图 5-19

图 5-20

图 5-21

❼ 取样按钮

单击"在图像中取样以设置黑场"按钮，则将取样的像素设置为最暗的像素；单击"在图像中取样以设置灰场"按钮，则将取样的像素设置为中间调的像素；单击"在图像中取样以设置白场"按钮，则将取样的像素设置为最亮的像素。

5.1.3 "曲线"命令

通过"曲线"菜单命令调整更改曲线的形状，可以调整图像的色调和颜色，执行"图像>调整>曲线"菜单命令，如图 5-22 所示，打开曲线对话框如图 5-23 所示。

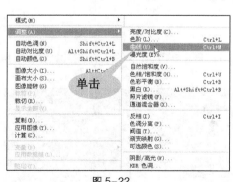
图 5-22

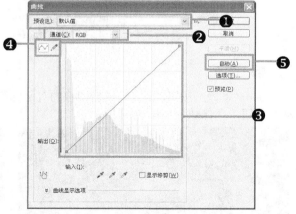
图 5-23

❶ 预设

打开"预设"下拉列表菜单命令，包括"彩色负片""反冲""较暗""增加对比""较亮""线性对比度""中对比度""负片""强对比度"9 种预设选项，如图 5-24 所示，选中"彩色负片"选项，如图 5-25 所示。

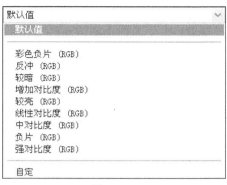

图 5-24

图 5-25

❷ 通道

单击"通道"下拉列表菜单，选中"红"查看曲线，如图 5-26 所示；选中"绿"查看曲线，如图 5-27 所示；选中"蓝"查看曲线，如图 5-18 所示。

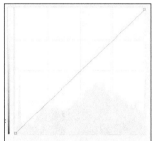

图 5-26

图 5-27

图 5-28

❸ 控制曲线

对节点进行调整，将曲线向上移动将会使图像变亮，如图 5-29 所示；或曲线向下移动将会使图像变暗，如图 5-30 所示。

图 5-29

图 5- 30

知识补充 数码相机的测光结果会影响相机的内部调整机制，并决定照片拍摄出来的影调。采用不同的测光模式，除了可以随环境、主体变化拍出较好的摄影质量外，也能扩展相机的适用范围。

❹ **设置曲线按钮**

单击选中“编辑点以修改曲线”按钮，在曲线上添加节点，调整节点位置以调节曲线，如图 5-31 所示，单击“通过绘制来修改曲线”按钮，使用铅笔工具自由绘制曲线，如图 5-32 所示。

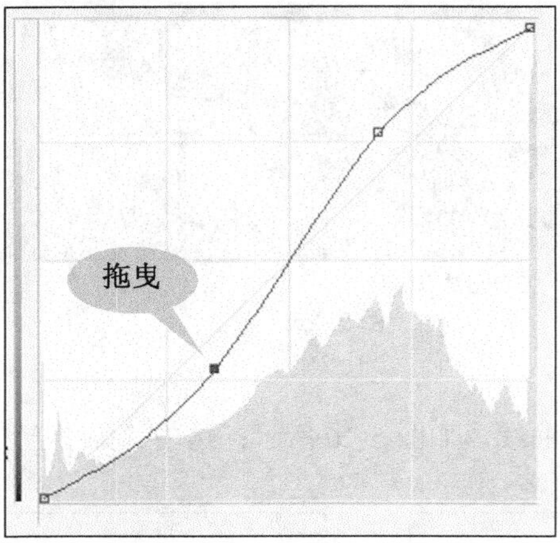

图 5–31

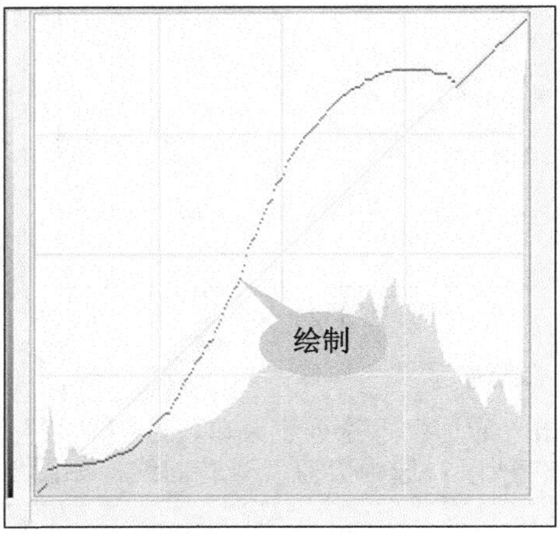

图 5–32

❺ **自动**

单击“自动”按钮，可对图像上各个通道的曲线进行自动调整，如图 5-33 所示，同时根据素材照片进行自动的明暗调整，如图 5-34 所示。

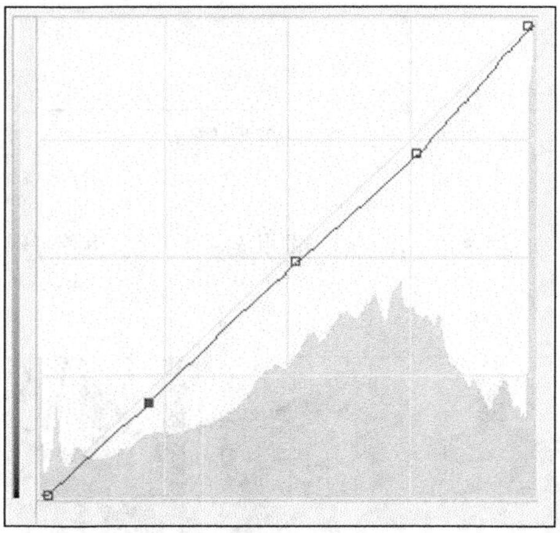

图 5–33

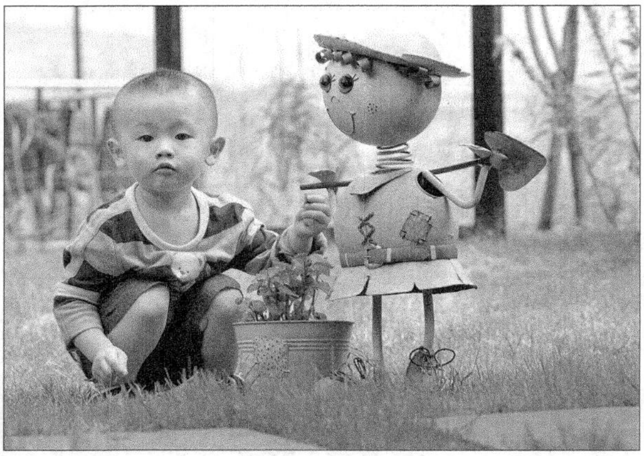

图 5–34

❻ **选项**

单击“选项”按钮，将打开“自动颜色校正选项”对话框，在对话框中包括了“自动颜色校正”按钮、“增强每通道的对比度”按钮和“查找深色与浅色”按钮，各按钮的具体功能与“色阶”命令相同。

技巧点拨

“曲线”命令与“色阶”命令相同，“曲线”对话框也允许用户调整图像的整个色调范围，但不同的是，应用“色阶”命令只允许用户通过白场、黑场和灰度系数三个点设置图像影调，而“曲线”命令允许用户在图像的整个色调范围内最多调整 14 个不同的点，应用“曲线”命令还可以对图像中的个别颜色进行精确的设置。

5.1.4　"阴影/高光"命令

"阴影/高光"命令拥有分别控制调亮阴影和调暗高光的选项，适合于因为阴影或逆光而较暗的照片的调整。通过"阴影/高光"命令可快速调整数码照片的阴影和高光部分，执行"图像>调整>阴影/高光"菜单命令，打开"阴影/高光"对话框，如图 5-35 所示，单击并勾选对话框下方的"显示更多选项"复选框，可进一步对更多的参数进行设置，如图 5-36 所示。

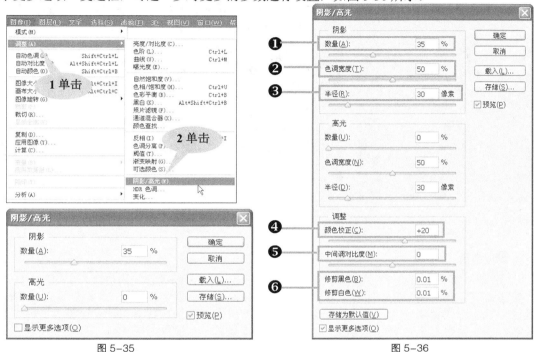

图 5-35　　　　　　　　　　　　　　　　　　　图 5-36

❶ 数量

"数量"用于设置图像中的阴影部分，通过拖曳"数量"下方的滑块进行阴影的设置，向右拖曳滑块，则图像变暗；向左拖曳滑块则图像变亮。打开图 5-37 所示的素材图像，设置"数量"为 100% 时，调整图像效果如图 5-38 所示；设置"数量"为 30% 时，调整图像效果如图 5-39 所示。

图 5-37　　　　　　　　　　　图 5-38　　　　　　　　　　　图 5-39

❷ **色调宽度**

"色调宽度"决定了阴影或亮光使用多暗或多亮的像素来控制，在默认情况下，"色调宽度"为50%，如图 5-40 所示；设置"色调宽度"为20%时，效果如图 5-41 所示；设置"色调宽度"为90%时，效果如图 5-42 所示。

图 5-40   图 5-41   图 5-42

❸ **半径**

"半径"用于控制邻近范围的大小，在设置每个像素周围的像素平均值时，"半径"选项可设置查找范围，若与大多数阴影像素紧邻之间还有其他的暗色像素存在时，"半径"越小，平均值就越暗，阴影像素就越有可能位于阴影的范围内，图像也就相对被调亮。当设置"半径"为 10 像素时，效果如图 5-43 所示；设置"半径"为 285 像素时，效果如图 5-44 所示。

图 5-43   图 5-44

❹ **颜色校正**

"颜色校正"选项用于设置调亮或调暗区域的饱和度，当输入值为负数时，降低图像饱和度；输入值为正数时，增加图像饱和度。分别设置"颜色校正"值为-42、+42 时，图像效果如图 5-45 和图 5-46 所示。

图 5-45

图 5-46

❺ 中间调对比度

"中间调对比度"选项可以在不使用单个曲线调整的情况下，修复中间调的对比度，设置"中间调对比度"为-90 时，效果如图 5-47 所示；设置"中间调对比度"为+80 时，效果如图 5-48 所示。

图 5-47

图 5-48

❻ 修剪黑色/白色

通过调整百分比值，可以将 256 种色调中的大多数色调变成纯黑或者纯白，提高图像的对比度，若将过多的色调转换为极端的纯黑或纯白时，则会导致阴影和高光细节的受损，严重者会出现色调分离的现象。设置"修剪黑色"值为 50%时，效果如图 5-49 所示；设置"修剪白色"值为 15%时，效果如图 5-50 所示。

图 5-49

图 5-50

『十二五』职业教育国家规划教材

5.1.5 "加深工具"

"加深工具"用于调节照片特定区域的曝光度，使图像区域变暗。在工具栏中"加深工具"  位于第十四项，默认情况是"减淡工具" ，单击右键在弹出的菜单栏中选择"加深工具"，选中"加深工具"查看选项栏中的选项设置，如图 5-51 所示。

图 5-51

❶ 范围

"范围"下拉列表中包括"阴影""中间调""高光"三个选项，默认情况下为"中间调"，选中"阴影"时用于调整图像中阴影区域的曝光度，如图 5-52 所示；选中"中间调"时用于调整图像中灰色的中间色调，如图 5-53 所示；选中"高光"时用于调整图像中高光区域的曝光度，如图 5-54 所示。

图 5-52

图 5-53

图 5-54

❷ 曝光度

通过调整"曝光度"来设置描边的曝光度，单击"曝光度"下拉列表，调整滑块位值，设置数值为 1% 时加深效果无明显变化，如图 5-55 所示，设置数值为 20% 有微弱的加深效果，如图 5-56 所示；设置数值为 100% 图像局部的曝光度明显降低，如图 5-57 所示。

图 5-55

图 5-56

图 5-57

❸　保护色调

"保护色调"用于最小化阴影和高光的修剪，勾选"保护色调"复选框能很好地防止颜色发生变化，保护原图像的色调。勾选该复选框后加深图像，效果如图 5-58 所示；取消勾选复选框后加深图像，效果如图 5-59 所示。

图 5-58　　　　　　　　　　　　　　　　图 5-59

5.1.6　实例精练——修复整体曝光不足的照片

拍摄数码照片时，如果拍摄环境光线暗淡很容易造成拍出来的照片曝光不足，照片大部分图像很黑，而且没有亮部细节，这样的照片就需要进行整体修复照片的曝光，提高照片的亮度，同时不会造成高光区域的曝光过度。

原始图像　　**最终图像**

操作难度：★
综合应用：★
发散性思维：★★

原始文件：随书光盘\素材\05\01.jpg
最终文件：随书光盘\源文件\05\修复整体曝光不足的照片.psd

STEP 01　调整曝光
打开随书光盘 \ 素材\05\01.jpg 素材图片。
❶创建"曲线"调整图层，选择"较亮（RGB）"选项。
❷创建"曝光度"调整图层，设置曝光度为+1.00，灰度系数校正为 1.06。
❸在图像窗口中查看效果。

「十二五」职业教育国家规划教材

STEP 02 修饰明暗度

❶ 单击"创建"面板中的"亮度/对比度"按钮 。

❷ 新建"亮度/对比度"调整图层，在打开的"属性"面板中设置"亮度"为44，"对比度"为-18。

❸ 在图像窗口中查看效果。

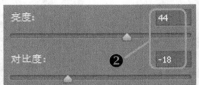

5.1.7 实例精练——修复灰蒙蒙的风景照片

在大雾天拍摄照片时，会因为天气原因，使拍摄出来的照片整体偏灰，此时可以应用相应的调整命令对其进行编辑，还原真实的场景效果。在 Photoshop CS6 中，应用"色阶"命令及曝光度等命令可以快速修复灰蒙蒙的风景照片。

原始图像

最终图像

操作难度：★★
综合应用：★
发散性思维：★★

原始文件：随书光盘\素材\05\02.jpg
最终文件：随书光盘\源文件\05\修复灰蒙蒙的风景照片.psd

STEP 01 调整曝光度

打开随书光盘\素材\05\02.jpg素材图片。

❶ 复制"背景"图层得到"背景副本"图层。

❷ 创建"曝光度"调整图层，设置曝光度为-0.07，位移为-0.0936，灰色系数校正为0.79。

❸ 在图像窗口中查看效果。

CHAPTER 5

STEP 02 调整色阶和色相/饱和度

❶ 创建"色阶"调整图层，设置色阶值为 0, 0.83, 255。

❷ 创建"色相/饱和度"调整图层，设置全图饱和度为 +12。

❸ 根据设置的饱和度，调整照片色彩，并在图像窗口中查看效果。

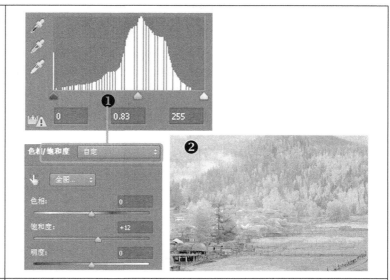

STEP 03 利用色阶修饰画面

❶ 创建"色阶"调整图层，单击"色阶"下拉按钮，在打开的列表中选择"中间调较暗"选项。

❷ 根据设置的色阶，调整图像，并在图像窗口中查看效果。

STEP 04 锐化图像

❶ 创建"亮度/对比度"调整图层，设置"亮度"为 11，"对比度"为 67。

❷ 盖印图层，执行"滤镜>锐化>USM 锐化"菜单命令，打开"USM 锐化"对话框，设置"数量"为 41%，"半径"为 5.0，"阈值"为 2。

❸ 在图像窗口中查看效果。

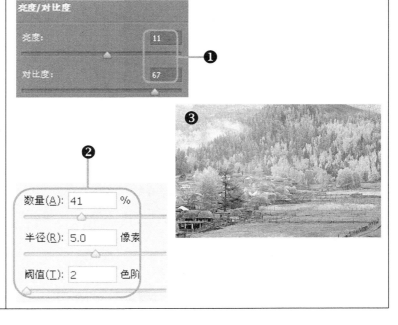

5.2 增强数码照片的光影效果

调整好照片的色调和影调后可以适当地为数码照片添加一些光影特效，模拟拍摄时需要特殊设备才能产生的光影效果，使普通的照片品味立即得到很大的提升，将生活照片制作出艺术照的效果。

5.2.1 "镜头光晕"滤镜

"镜头光晕"滤镜可以模拟出应用亮光照射到图像中所产生的折射效果，执行"滤镜>渲染>镜头光晕"菜单命令，如图 5-60 所示，打开"镜头光晕"对话框，对话框中包含"50-300 毫米变焦""35 毫米变焦""105 毫米变焦""电影镜头"四种光晕效果，如图 5-61 所示。

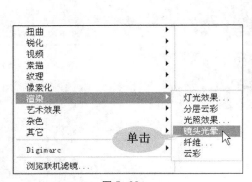

图 5-60

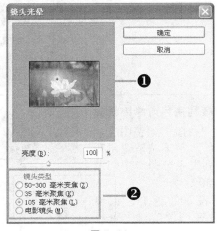

图 5-61

❶ **设置光晕**

"光晕位置"用于设置光晕的位置，在预览图内单击鼠标在需要光晕出现的位置设置光晕，如图 5-62 所示，"变亮"选项用于调节光晕的亮度，数值为 10%～300%，数值越大亮度越大。设置亮度为 200% 时的预览效果如图 5-63 所示；数值越小亮度越弱，设置亮度为 20% 时的预览效果如图 5-64 所示。

图 5-62

图 5-63

图 5-64

技巧点拨 为了在对照片添加"镜头光晕"时达到逼真的效果，对光晕的位置和亮度的设置尤为重要，但是只对照片添加光晕特效的话就可以根据画面和构图对光晕进行随意设置。

❷ **光晕类型**

光晕类型包括"50-300 毫米变焦""35 毫米变焦""105 毫米变焦""电影镜头"四种样式，选中"50-300 毫米变焦"光晕，图像中将会添加一个边缘比较弱的光晕效果，如图 5-65 所示；选中"35 毫米变焦"光晕，图像中将会添加一个边缘效果明显的光晕，如图 5-66 所示。

图 5-65   图 5-66

选中"105 毫米变焦"光晕，图像中除了添加一个主光晕以外还会添加两个黄色和蓝色的光斑，如图 5-67 所示；选中"电影镜头"光晕，图像中将会添加一个由两条光线组成的光晕效果，如图 5-68 所示。

图 5-67   图 5-68

5.2.2 "照片滤镜"命令

"照片滤镜"命令能为照片模仿在相机镜头前面加彩色滤镜的效果，调整通过镜头传输的光的色彩平衡和色温，使胶片曝光，还可以选取颜色预设，将色相调整应用到图像。"照片滤镜"命令位于调整命令中的第九项，执行"图像>调整>照片滤镜"菜单命令，如图 5-69 所示，打开"可选颜色"对话框，如图 5-70 所示。

 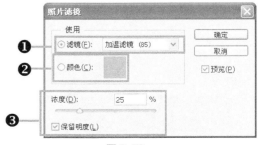

图 5-69   图 5-70

❶ 滤镜

选中"滤镜",单击下拉列表,在列表中包含了"加温滤镜""冷却滤镜"等 20 种照片滤镜,如图 5-71 所示。选中"加温滤镜"图像色调变为暖调,如图 5-72 所示;选中"冷却滤镜"图像色调变为冷调,如图 5-73 所示。

图 5-71   图 5-72   图 5-73

❷ 颜色

单击颜色块,打开"选择滤镜颜色"对话框,设置所需的滤镜颜色。设置颜色为 R5、G131、B74 时的效果如图 5-74 所示,设置颜色为 R155、G29、B234 时的效果如图 5-75 所示。

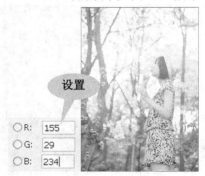

图 5-74   图 5-75

❸ 浓度

"浓度"为用于调节滤镜颜色浓度的选项,数值为 1%~100%,数值越小颜色越淡,效果越弱,设置浓度为 20% 时,画面效果如图 5-76 所示;数值越大颜色越浓,效果越强,设置浓度为 60% 时,画面效果如图 5-77 所示。

图 5-76   图 5-77

5.2.3 "黑白"命令

"黑白"调整可让彩色图像转换为灰度图像，同时保持对各颜色的转换方式的完全控制。也可以将彩色图像转换为单色图像，在图像中应用"黑白"命令转换为灰度图像的过程中，图像的颜色模式不会发生改变。"黑白"命令位于调整命令中的第八项，执行"图像>调整>黑白"菜单命令，打开"可选颜色"对话框，如图 5-78 所示。

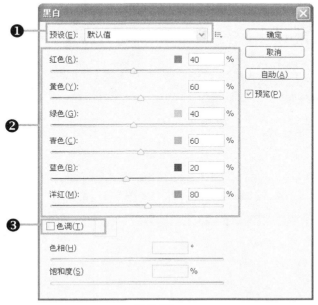

图 5-78

❶ 预设

在"预设"下拉列表中提供了多种色调模式，用户可以根据需要选择不同的色调模式，也可以拖曳滑块调整图像的颜色通道。单击"预设"下拉按钮，打开"预设"下拉列表，如图 5-79 所示。设置为"蓝色滤镜"，效果如图 5-80 所示；设置为"最白"，效果如图 5-81 所示。

图 5-79

图 5-80

图 5-81

❷ 彩色滑块

"颜色滑块"用于调整图像中指定颜色的灰色调，向左拖曳滑块使图像的原色的灰色调变暗，如图 5-82 所示；向右拖曳滑块使图像的原色的灰色调变亮，如图 5-83 所示。

拖曳

绿色(R):　　　　　　-200　　%

图 5-82

拖曳

红色(R):　　　　　　300　　%

图 5-83

❸ **色调**

勾选"色调"复选框，设置单色调的图像效果，单击颜色框，打开"选择目标颜色"对话框，如图 5-84 所示，设置 R214、G186、B123，效果如图 5-85 所示。

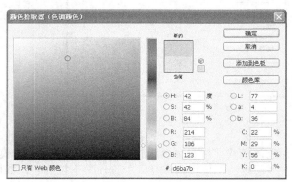

图 5-84

图 5-85

5.2.4　实例精练——增强照片的个性光晕效果

镜头光晕是一种曝光效果，好的镜头光晕总是会出现在适合的位置，可是拍摄照片时我们并不能左右光晕产生的位置大小和亮度，在 Photoshop CS6 中通过"镜头光晕"滤镜能随意为照片添加镜头光晕效果。

最终图像

原始图像

操作难度：**★★**
综合应用：**★★★**
发散性思维：**★★★**

原始文件：随书光盘\素材\05\03.jpg
最终文件：随书光盘\源文件\05\增加照片的个性光晕效果.psd

STEP 01 设置色相/饱和度

打开随书光盘\素材\05\03.jpg 素材图片。

❶ 在"图层"面板中复制"背景"图层得到"背景副本"图层。

❷ 创建"色相/饱和度"调整图层,设置"饱和度"为+17。

❸ 在图像窗口中查看效果。

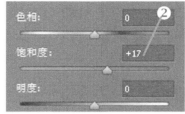

STEP 02 调整色彩

❶ 新建"色彩平衡"调整图层,在打开的面板中输入"中间调"颜色为+28、+7、-24。

❷ 在图像窗口中查看设置后的效果。

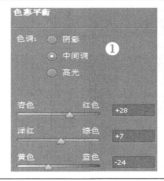

STEP 03 创建选区

❶ 按下快捷键 Ctrl+Shift+Alt+E 盖印可见图层。

❷ 执行"选择>色彩范围"菜单命令,打开"色彩范围"对话框,设置"颜色容差"为 177,设置选择范围。

❸ 在图像窗口中查看设置的选区效果。

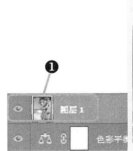

STEP 04 降低选区亮度

❶ 创建"曲线"调整图层,在打开的"属性"面板中单击并向下拖曳鼠标。

❷ 在图像窗口中查看应用曲线调整选区的效果。

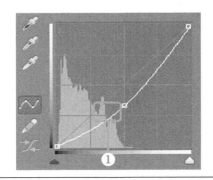

『十二五』职业教育国家规划教材

STEP 05 设置色阶

❶创建"色阶"调整图层，在打开的"属性"面板中单击"色阶"下拉按钮，选择"增加对比度2"选项。

❷按下快捷键Ctrl+Shift+Alt+E盖印图层，得到"图层2"图层。

❸选择"椭圆选框工具"，设置羽化值为200px。

❹在画面中绘制选区。

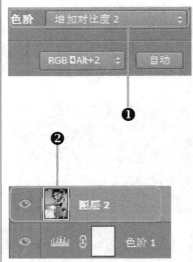

STEP 06 调整选区明暗

❶按下快捷键Ctrl+Shift+I，反选选区。

❷创建"曲线"调整图层，在打开的"属性"面板中单击并拖曳曲线。

❸在图像窗口中查看设置效果。

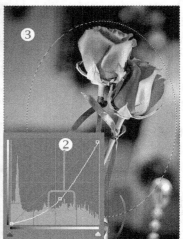

STEP 07 添加光晕

❶按下快捷键Ctrl+Shift+Alt+E盖印图层，得到"图层3"图层。

❷执行"滤镜>渲染>镜头光晕"菜单命令，打开"镜头光晕"对话框，在对话框中设置亮度为110%，单击"确定"按钮。

❸在图像窗口中查看添加的光晕效果。

STEP 08　创建选区

❶执行"选择>色彩范围"菜单命令，打开"色彩范围"对话框，在对话框中调整选择区域。

❷返回至图像窗口，查看应用"色彩范围"创建的选区效果。

STEP 09　更改混合模式

❶按下快捷键 Ctrl+J，复制选区内的图像，得到"图层 4"，设置混合模式为"颜色减淡"，不透明度为50%。

❷使用"椭圆选框工具" ◯在图像中绘制选区，羽化半径为200px，按下快捷键 Ctrl+Shift+I，反选选区。

❸选择"图层 4"，添加图层蒙版，将选区填充为黑色。

❹在图像窗口中查看效果。

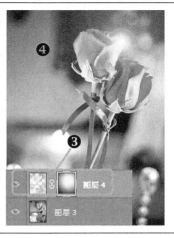

5.2.5　实例精练——为照片增强温暖色调

　　照片色调的调整是设置数码照片时非常重要的操作，通过将照片设置为不同的色调，能够让普通的照片呈现出独特的效果。Photoshop 可以利用"照片滤镜"为照片添加冷色调或暖色调效果。

原始图像　　　最终图像

操作难度：★
综合应用：★
发散性思维：★★

　　原始文件：随书光盘\素材\05\04.jpg
　　最终文件：随书光盘\源文件\05\为照片增加温暖色调.psd

STEP 01 调整亮度

打开随书光盘\素材\05\04.jpg 素材图片。

❶在"图层"面板中复制"背景"图层得到"背景副本"图层。

❷创建"亮度/对比度"调整图层,打开"属性"面板,设置亮度为4,对比度为28。

❸在图像窗口中查看效果。

STEP02 修饰颜色

❶新建"色相/饱和度"调整图层,设置"饱和度"为+22。

❷创建"照片滤镜"调整图层,在"滤镜"下拉列表中选择"深黄"滤镜,设置"浓度"为50%。

❸在图像窗口中查看效果。

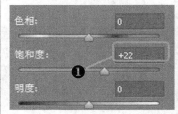

STEP 03 调整色彩平衡

❶新建"色彩平衡"调整图层,在"属性"面板中设置颜色值为+12、+3、-26。

❷在图像窗口中查看效果。

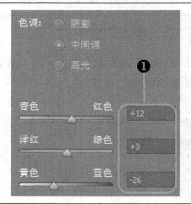

5.3　技能训练——修整照片曝光让画面变得明亮

　　本章主要讲解了数码照片光影调整技术,包括"亮度/对比度""色阶""曲线""黑白"命令等。对于曝光不理想、明暗对比较弱的数码照片,都可以利用本章所讲的知识,对照片进行明暗、对比度的调整,从而修复照片中的各类光影问题,重获精彩的光影画面,下面通过技能训练的方式,让读者运用本章所学知识调整曝光不足的画面,进一步巩固本章所学的知识。

 **01　设计效果**

【习题素材】随书光盘\技能训练\素材\05\01.jpg（见图 5-86）

【习题源文件】随书光盘\技能训练\源文件\05\修复照片曝光让画面变得明亮.psd

图 5-86

 **02　制作流程**

● 将图像复制，由于图像曝光足，因此先对曝光进行调整，适当提亮图像，如图 5-87 所示。

● 为了增强画面中人物与背景的对比，利用明暗调整命令进一步调亮照片，如图 5-88 所示。

● 使用选框工具选取照片的边缘部分，适当降低选区内的图像亮度，为人像照片添加晕影，增强层次感，如图 5-89 所示。

图 5-87

图 5-88

图 5-89

「十二五」职业教育国家规划教材

5.4 课后习题——打造绝美的夕照效果

【习题知识要点】设置"色阶"增强对比，用选框工具框选图像，对不同区域的图像应用"色阶""曲线"调整明暗，设置"渐变映射"在图像中叠加颜色，增强色彩得到更加唯美的日落美景，如图 5-90 所示。

【习题素材】随书光盘\习题\素材\05\01.jpg

【习题源文件】随书光盘\习题\源文件\05\打造绝美的夕照效果.psd

图 5-90

第6章
数码照片的艺术调色技术

普通照片的色彩反映的是现实生活中景物的色彩，不具备任何艺术色彩，通过对图像的色彩进行调节增加照片的艺术感，使普通照片变成艺术照。

本章的重要概念有：理解照片色彩的色相和饱和度，使用蒙版渐变工具等对图像进行操作与调整，了解不同方法对图像色调处理的区别。

本章知识点：

☑ 饱和度对于照片色彩的应用
☑ 数码照片的艺术色调处理

6.1 饱和度对于照片色彩的应用

决定一张照片颜色的因素包含亮度和饱和度两个方面，照片颜色的饱和度对照片的风格有很大的影响，在 Photoshop CS6 中"自然饱和度"和"色相饱和度"菜单命令能轻松地对图像色彩的饱和度进行调整。

6.1.1 "自然饱和度"命令

"自然饱和度"菜单命令用于调整图像自然的颜色和饱和度，执行"图像>调整>自然饱和度"菜单命令，打开"自然饱和度"对话框，如图 6-1 所示。

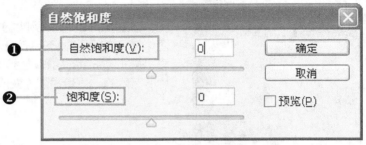

图 6-1

❶ 自然饱和度

"自然饱和度"选项能调节图像中的自然饱和度，拖曳鼠标，调整滑块，数值为-100 至+100之间，将滑块拖曳至-100 时图像变成一个灰色图像，如图 6-2 所示；将滑块拖曳至+100 时图像颜色变得非常艳丽，如图 6-4 所示。

图 6-2

图 6-3

图 6-4

❷ 饱和度

"饱和度"同样是对整个图像颜色饱和度的调整，但是要比"自然饱和度"更强烈，拖曳鼠标调整滑块位置，数值为-100 至+100 之间。打开如图 6-5 所示的素材图像，将滑块拖曳至-100 时图像被去色，如图 6-6 所示；将滑块拖曳至+100 时图像颜色会有部分偏差，如图 6-7所示。

图 6-5　　　　　　　　　　　　图 6-6　　　　　　　　　　　　图 6-7

技巧
点拨　在"图层"面板中，单击"创建新的填充调整图层"按钮，在弹出的菜单栏中选中"自然饱和度"菜单命令，在调整面板中同样能够对图像进行自然饱和度的调整。

6.1.2　"色相/饱和度"命令

"色相饱和度"菜单命令用于调整图像整体或者单个颜色的色相、饱和度和明度，执行"图像>调整>色相/饱和度"菜单命令，打开"色相/饱和度"对话框，如图 6-8 所示。

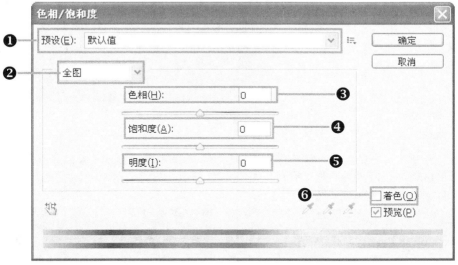

图 6-8

❶　预设

单击"预设"下拉按钮弹出下拉列表菜单，包含 8 项预设的色相、饱和度，包括"氰版照相""进一步增加饱和度""增加饱和度""旧样式""红色提升""深褐""强饱和度"和"黄色提升"，如图 6-9 所示。在下拉菜单中选中"旧样式"命令，图像颜色变暗，效果如图 6-10 所示。

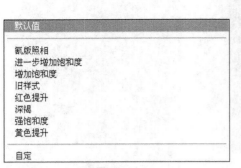

图 6-9

图 6-10

❷ **编辑**

单击"编辑"下拉列表菜单，其中包括"全图""红色""黄色""绿色""青色""蓝色"和"洋红"7项，如图 6-11 所示；用户可以同时调整菜单列表中的所有颜色，选中需要调整的颜色，拖曳鼠标对图像进行调整，如图 6-12 所示。

图 6-11

图 6-12

❸ **色相**

拖曳"色相"下方的滑块，调整图像中的色相，文本框中显示的值反映像素原来的颜色在色轮中旋转的度数，正值是指顺时针旋转，如图 6-13 所示；负值是指逆时针旋转，如图 6-14 所示。"色相"值的范围为 -180～+180。

图 6-13

图 6-14

知识补充　默认情况下，在选择颜色成分时选定的颜色范围是30度宽，即两端都有30度的衰减，衰减设置得太低会在图像中产生带宽。

❹ 饱和度

"饱和度"用于调整图像颜色的饱和度，数值范围为-100～+100，正值指饱和度增加，如图6-15所示；负值指饱和度降低，如图6-16所示。

图 6-15　　　　　　　　　　图 6-16

❺ 明度

"明度"用于调整图像的亮度，数值范围为-100～+100，正值指增加亮度，如图6-17所示；负值指降低亮度，如图6-18所示。当值为100或-100时，图像为白色或黑色。

图 6-17　　　　　　　　　　图 6-18

❻ 着色

勾选"着色"复选框，可将彩色图像转化为单色的彩色照片，拖曳色相和饱和度下方的滑块可分别对颜色及饱和度进行设置，图6-19所示为原图像，图6-20所示为着色后的图像。

图 6-19　　　　　　　　　　图 6-20

6.1.3 实例精练——增强照片自然的色彩

秋天的景色总是让人迷恋。数码相机拍摄秋景时很难表现秋天的美丽色彩，暗淡的色彩使得景色缺少生气，在对照片后期处理时使用饱和度调整画面的色彩，让秋天变得更加迷人。

最终图像

原始图像

操作难度：**
综合应用：*
发散性思维：**

原始文件：随书光盘\素材\06\01.JPG
最终文件：随书光盘\源文件\06\增强照片自然的色彩.PSD

STEP 01 设置自然饱和度
打开随书光盘\素材\06\01.JPG素材图片。
❶在"图层"面板中，复制"背景"图层得到"背景副本"图层。
❷创建"自然饱和度"调整图层，设置"自然饱和度"为+27，"饱和度"为+41。
❸在图像窗口中查看图像。

STEP 02 创建不规则选区
❶按下快捷键 Ctrl+Shift+Alt+E，盖印图层。
❷执行"选择>色彩范围"菜单命令，打开"色彩范围"对话框，在对话框中调整选择范围。
❸在图像窗口中查看设置的选区范围。

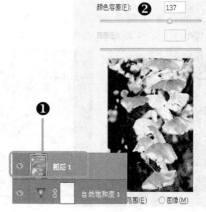

STEP 03　设置高反差保留

❶按下快捷键 Ctrl+J，复制选区内的图像，得到"图层2"图层。

❷执行"滤镜>其他>高反差保留"菜单命令，在打开的对话框中设置"半径"为3.0像素。

❸选择"图层2"，设置图层混合模式为"叠加"。

❹在图像窗口中查看图像。

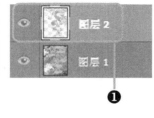

STEP 04　设置饱和度

❶创建"色相/饱和度"调整图层，选择"红色"，设置饱和度为+14。

❷选择"黄色"，设置饱和度为+14。

❸选择"绿色"，设置饱和度为+29。

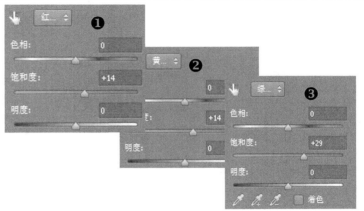

STEP 05　设置图层混合模式

❶按下快捷键Ctrl+Shift+Alt+E，盖印图层，设置图层混合模式为"颜色减淡"，不透明度为20%。

❷在图像窗口中查看图像。

❸选中"横排文字工具"，在图像左下方输入文字。

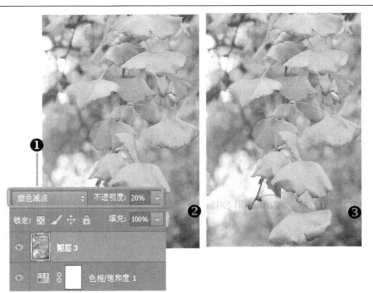

『十二五』职业教育国家规划教材

6.1.4 实例精练——低饱和度照片的艺术效果

粉色给人感觉是俏皮可爱的，淡淡的粉色总是给人梦幻的甜蜜感觉，降低照片色彩的饱和度，为照片添加气泡光晕，打造出梦幻般的画面效果。

原始图像

最终图像

操作难度：★
综合应用：★★
发散性思维：★★

原始文件：随书光盘\素材\06\02.JPG
最终文件：随书光盘\源文件\06\低饱和度照片的艺术效果.PSD

STEP 01 降低饱和度
打开随书光盘\素材\06\02.JPG素材图片。

❶在"图层"面板中，复制"背景"图层得到"背景副本"图层。

❷执行"图像>调整>自然饱和度"菜单命令，打开"自然饱和度"对话框，设置自然饱和度为-54。

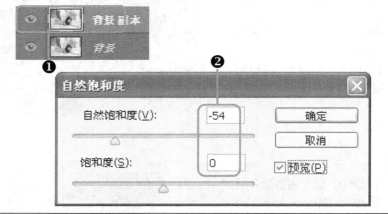

STEP 02 绘制蒙版
❶在工具箱中，单击"以快速蒙版模式编辑"按钮，选中"画笔工具"，在图像中绘制蒙版。

❷在工具箱中，单击"以标准模式编辑"按钮，将蒙版转化为选区。

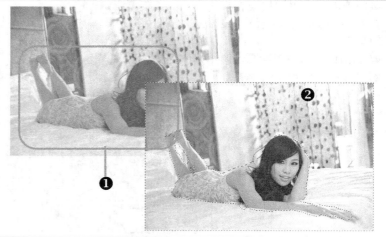

STEP 03　模糊背景

❶执行"滤镜>模糊>高斯模糊"菜单命令，打开"高斯模糊"对话框，设置半径为2。

❷在图层面板中新建图层，填充为白色，设置不透明度为20%。

STEP 04　绘制光圈

❶在"图层"面板中，单击"创建新组"按钮，单击"创建新图层"按钮。

❷在工具箱中选中"椭圆形选框工具"，按住Shift键在图像中绘制正圆选区，填充为白色，设置填充为40。

❸在"图层"面板中，复制"图层 2"十七次，将图层逐个移动到画面的不同位置，并修改填充，分别修改图层的填充不透明度设置画面中朦胧的光斑效果。

6.2　**数码照片的艺术色调处理**

　　艺术照本身具有色彩浓郁、对比强烈、视觉冲击效果强烈等特点，使用普通数码相机拍摄的照片，需要使用 Photoshop CS6 对照片进行艺术色调的处理才能调整为色彩美丽的艺术照片。

（左侧竖排）**"十二五"职业教育国家规划教材**

6.2.1　快速蒙版

　　使用"快速蒙版"能对图像进行快速蒙版模式编辑，单击工具箱中的"以快速蒙版模式编辑"按钮，或者按 Q 键，即可选中"以快速蒙版模式编辑"按钮。

　　在工具箱中使用任意的选区工具，然后给它添加或从中减去选区，如图 6-21 所示，单击"以快速蒙版模式编辑"按钮，以建立蒙版，受保护区域和未受保护区域以不同颜色进行区分，红色部分为未受保护区域，如图 6-22 所示。

图 6-21　　　　　　　　　　　　　　　　　图 6-22

知识补充　选中的区域不受该蒙版的保护，默认情况下"快速蒙版"模式会用红色、50% 不透明的叠加为受保护区域着色。

　　使用"画笔工具"进行任意形状的蒙版绘制，单击"以快速蒙版模式编辑"按钮，进入快速蒙版模式编辑图像，选中"画笔工具"在图像中绘制蒙版，如图 6-23 所示，在工具箱中单击"切换前景色和背景色"按钮，去除图像中的蒙版区域，如图 6-24 所示。

图 6-23　　　　　　　　　　　　　　　　　图 6-24

技巧点拨　当前景色和背景色不是黑色和白色时，单击工具箱中的"默认前景色和背景色"按钮，或者按 D 键，恢复前景色和背景色的设置。

　　当在"快速蒙版"模式下工作时，"通道"面板中出现一个临时快速蒙版通道，单击 RGB 通道前方的"指导通道可见性"按钮，如图 6-25 所示，可查看绘制蒙版，如图 6-26 所示，并加以修改。

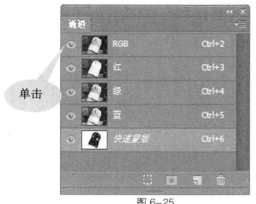

单击

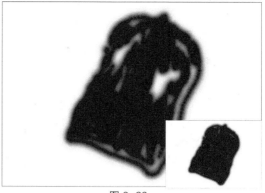

图 6-25

图 6-26

在工具箱中双击"以快速蒙版模式编辑"按钮，打开"快速蒙版选项"对话框，如图 6-27 所示，根据个人要求对快速蒙版选项进行设置。

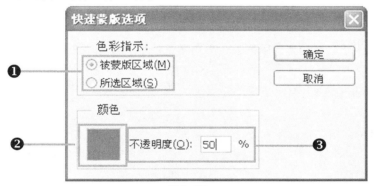

图 6-27

❶ 色彩指示

被蒙版区域：将被蒙版区域设置为黑色（不透明），并将所选区域设置为白色（透明）。用黑色绘画可扩大被蒙版区域，如图 6-28 所示；用白色绘画可扩大选中区域，如图 6-29 所示。选定此选项后，工具箱中的"快速蒙版"按钮将变为一个带有灰色背景的黑圆圈。

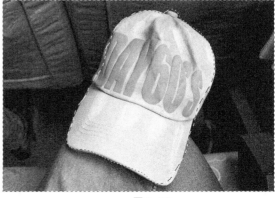

图 6-28

图 6-29

所选区域：将被蒙版区域设置为白色（透明），并将所选区域设置为黑色（不透明）。用白色绘画可扩大被蒙版区域，如图 6-30 所示；用黑色绘画可扩大选中区域，如图 6-31 所示。选定此选项后，工具箱中的"快速蒙版"按钮将变为一个带有黑色背景的灰圆圈。

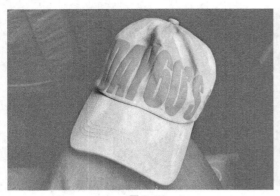

图 6-30   图 6-31

技巧点拨　要在快速蒙版的"被蒙版区域"和"所选区域"选项之间切换，请按住 Alt 键并单击"快速蒙版模式"按钮。

❷ 颜色

　　"颜色"选项用于设置快速蒙版颜色，单击颜色色块，打开"选择快速蒙版颜色"对话框，如图 6-32 所示，在对话框中设置需要的颜色，更换蒙版颜色，效果如图 6-33 所示。

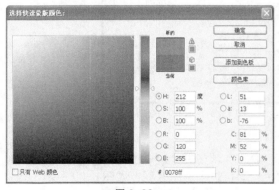

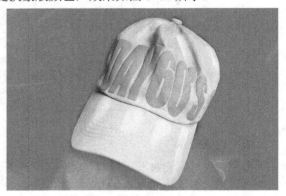

图 6-32   图 6-33

❸ 不透明度

　　"不透明度"用于设置蒙版在图像中显示的不透明度，输入不透明度为 20%，效果如图 6-34 所示；输入不透明度为 80%，效果如图 6-35 所示。

图 6-34   图 6-35

6.2.2　"渐变工具"

渐变工具可以创建多种颜色间的逐渐混合，在工具栏中"渐变工具"位于第十二项，单击"渐变工具"按钮 ，或按 G 键，查看"渐变工具"选项栏，如图 6-36 所示。

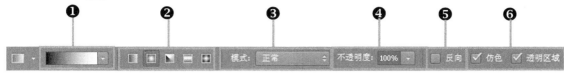

图 6-36

❶ 渐变编辑

单击"渐变条"，打开"渐变编辑器"对话框，如图 6-37 所示，在对话框中对渐变色进行设置，单击"渐变条"后方的倒三角按钮▼，打开"渐变拾色器"选项列表，如图 6-38 所示，选择所需的预设渐变色。

图 6-37

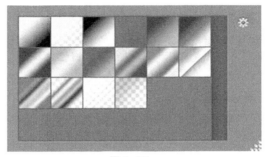

图 6-38

技巧 点拨　在渐变编辑器中创建新的渐变样式，单击"储存"按钮将新预设存储在首选项文件中，如果此文件被删除或已损坏，或者如果将预设复位到默认库，则新预设将丢失，要永久存储新预设，请将它们存储在库中。

❷ 渐变类型

渐变类型包括"线性渐变" 、"径向渐变" 、"角度渐变" 、"对称渐变" 和"菱形渐变" ，"线性渐变"以直线从起点渐变到终点，如图 6-39 所示；"径向渐变"以圆形图案从起点渐变到终点，如图 6-40 所示。

图 6-39

图 6-40

"角度渐变"围绕起点以逆时针扫描方式渐变，效果如图 6-41 所示；"对称渐变"使用均衡的线性渐变在起点的任一侧渐变，效果如图 6-42 所示；"菱形渐变"以菱形方式从起点向外渐变，终点定义为菱形的一个角，效果如图 6-43 所示。

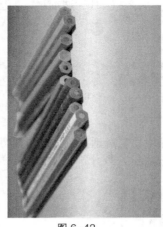

图 6-41　　　　　　　　　　图 6-42　　　　　　　　　　图 6-43

❸ 模式

在选项栏中单击"模式"下拉菜单列表，在弹出的菜单栏中包括"正常""溶解""背后""清除""变暗""正片叠底""颜色加深""线性加深""深色"等 28 种混合模式，用于设置填充区域的模式，得到不同的渐变效果。

❹ 不透明度

"不透明度"用于设置填充区域的不透明度，输入不透明度为 40%，图像效果如图 6-44 所示；输入不透明度为 80%，图像效果如图 6-45 所示。

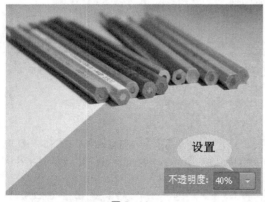

图 6-44　　　　　　　　　　　　　　　　图 6-45

技巧点拨　除了对图像整体透明度的修改外，还可以在"渐变编辑器"中对每个渐变填充进行不同位置填充不透明度的设置。例如，可以将起点颜色设置为 100% 不透明度，并以 50 % 不透明度将填充逐渐混合进终点颜色。

❺ 反向

勾选"反向"复选框，转换渐变颜色的起点和终点，颠倒设置的渐变颜色的顺序，图 6-46 所示为直接拖曳渐变后的效果，图 6-47 所示为勾选"反向"复选框后得到的渐变效果。

图 6-46

图 6-47

❻ 仿色、透明区域

勾选"仿色"复选框混合可用颜色的像素，可模拟 256 色以外的颜色；勾选"透明区域"复选框，可对设置的渐变填充应用透明蒙版效果。

知识补充　渐变工具不能用于位图或索引颜色图像。

6.2.3　Lab **颜色模式**

Lab 颜色模式是 Photoshop 内部的颜色模式，描述正常视力的人能够看到的所有颜色，Lab 颜色的显示方式不是设备（如显示器、桌面打印机或数码相机）生成颜色，所以 Lab 被视为与设备无关的颜色模型。也是目前所有的颜色模式中包含色彩范围最广的颜色模式。

执行"图像>模式>Lab 颜色"菜单命令，如图 6-48 所示，在通道面板中查看 Lab 颜色，如图 6-49 所示。

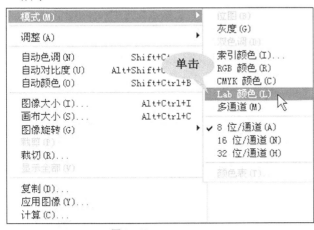

图 6-48

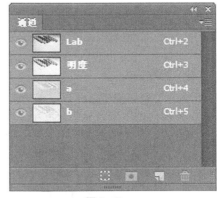

图 6-49

当基于 Lab 颜色模型选取颜色时，L 值用于指定颜色的明亮度，A 值用于指定颜色的红绿程度，B 值用于指定颜色的蓝黄程度。

6.2.4　**"渐变映射"命令**

"渐变映射"命令，调整将相等的图像灰度范围映射到指定的渐变填充色，"渐变映射"命令位于调整命令中的第 14 项，执行"图像>调整>渐变映射"菜单命令，如图 6-50 所示，打开"渐变映射"对话框，如图 6-51 所示。

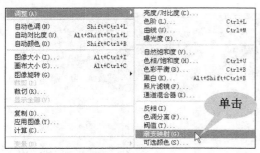

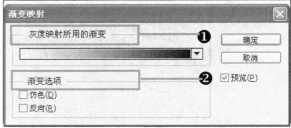

图 6-50　　　　　　　　图 6-51

知识补充　指定双色渐变填充，图像中的阴影映射到渐变填充的一个端点，高光映射到另一个端点颜色，中间调映射到两个端点颜色之间的渐变。

❶ **灰度映射所用渐变**

　　"灰度映射所有渐变"用于编辑映射所有渐变，单击渐变条打开"渐变编辑器"对话框，如图 6-52 所示；单击渐变条下方的倒三角按钮，弹出下拉列表框，如图 6-53 所示，在列表框右侧单击三角形按钮▼可弹出下拉列表提供更多预设设置。

图 6-52　　　　　　　　　　图 6-53

❷ **渐变选项**

　　"仿色"添加随机杂色以平滑渐变填充的外观以减少带宽效应，使色彩过度更和谐；"反向"切换渐变填充的方向，从而反向渐变映射，呈现负片效果。打开图 6-54 所示的素材图像，图 6-55 所示为勾选"仿色"复选框后得到的画面效果，图 6-56 所示为继续勾选"反向"复选框后的效果。

图 6-54　　　　　　图 6-55　　　　　　图 6-56

6.2.5 "通道混合器"命令

利用"通道混合器"命令，可以创建高品质的灰度图像、棕褐色调图像或其他色调图像，也可以对图像进行创造性的颜色调整，执行"图像>调整>通道混合器"菜单命令，如图 6-57 所示，打开"通道混合器"对话框，如图 6-58 所示。

图 6-57

图 6-58

❶ 预设

单击"预设"后方的倒三角下拉按钮，打开下拉列表菜单命令，包括"红外线的黑白""使用蓝色滤镜的黑白""使用绿色滤镜的黑白""使用橙色滤镜的黑白""使用红色滤镜的黑白""使用黄色滤镜的黑白"6 种预设选项，如图 6-59 所示。选中"使用蓝色滤镜的黑白"选项，效果如图 6-60 所示；选中"使用绿色滤镜的黑白"选项，效果如图 6-61 所示。

图 6-59

图 6-60

图 6-61

❷ 输出通道

打开"输出通道"下拉列表菜单，列表中包括"红""绿""蓝"选项，选中需要的通道，在源通道中进行设置。

❸ 源通道

在"源通道"选项中拖曳滑块，可以调整控制颜色在输出通道中所占的比重。将相应的源通道滑块向左拖动，增加通道的比重，如图 6-62 所示；将相应的源通道滑块向右拖动，减少通道的比重，如图 6-63 所示。

图 6-62

图 6-63

> **技巧点拨** 调整控制颜色在输出通道中所占的比重，可以拖曳滑块或在数值框中直接输入介于 −200% 和 +200% 之间的值，使用负值可以使源通道在被添加到输出通道之前反相。

❹ 常数

"常数"选项用于调整输出通道的灰度值，负值增加更多的黑色，正值增加更多的白色。-200% 会使输出通道变成黑色，如图 6-64 所示；而+200% 会使输出通道变成白色，如图 6-65 所示。

图 6-64

图 6-65

❺ 单色

勾选"单色"复选框，对所有通道进行相同效果的设置，得到只有灰阶的图像，如图 6-66 所示，输出通道变化为"灰度"，通过拖曳"源通道"内的颜色滑块，调整图像灰度，如图 6-67 所示。

『十二五』职业教育国家规划教材

图 6-66

图 6-67

6.2.6　"变化"命令

"变化"命令不仅可以通过分别调整高光、中间调和阴影的色相、饱和度和亮度来进行数码照片的颜色调整，而且可以同时在预览窗口中查看几个不同选项的调整结果，通过设置参数使图像的颜色更为精细。

执行"图像>调整>变化"菜单命令，打开"变化"对话框，如图 6-68 所示，在对话框中通过设置各项参数，调整图像色调。

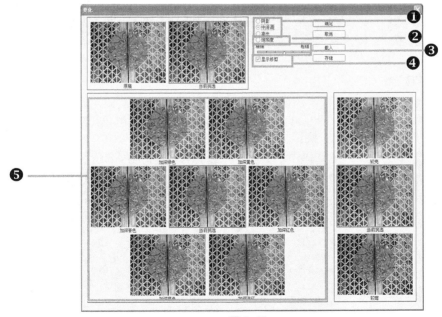

图 6-68

❶　阴影、中间色调和高光

单击"阴影"、"中间色调"和"高光"单选按钮，可以分别设置数码照片的较暗区域、中间区域和较亮区域的图像效果。任意打开一张照片，如图 6-69 所示，选择"中间调"，单击"加深绿色"图标，效果如图 6-70 所示；选择"高光"，单击"加深绿色"图标，效果如图 6-71 所示。

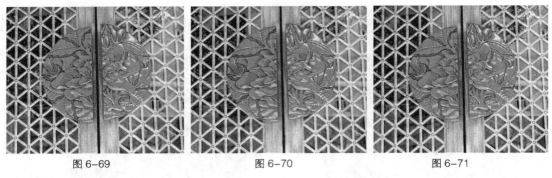

图 6-69   图 6-70   图 6-71

❷ 饱和度

单击"饱和度"单选按钮，在下方的选项区中设置图像的色相饱和度。若超出了最大的颜色饱和度，则颜色可能被裁剪。单击"减少饱和度"图标，则减少图像的饱和度，如图 6-72 所示；单击"增加饱和度"图标，则增加图像的饱和度，如图 6-73 所示。

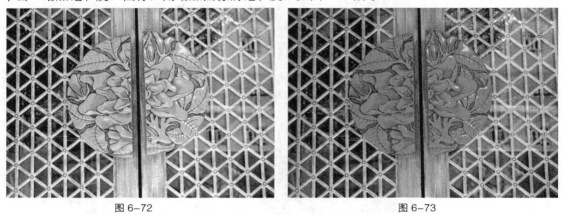

图 6-72   图 6-73

❸ 精细与粗糙

单击并拖曳"变化"对话框中的"精细/粗糙"滑块可设置每次调整的数量，当将滑块拖曳一格，则调整量将双倍增加。单击鼠标向"精细"方向拖曳，则图像颜色更加细腻，如图 6-74 所示；单击鼠标向"粗糙"方向拖曳，则图像颜色更加强烈，如图 6-75 所示。

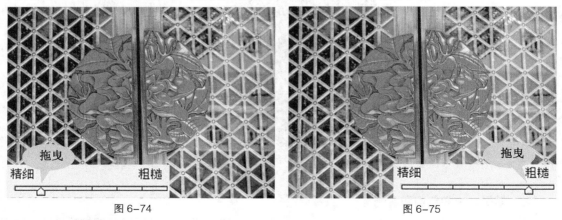

图 6-74   图 6-75

❹ 显示修剪

勾选"显示修剪"复选框，则显示图像中的溢色区域。

⑤ 预览图标

单击对话框下方相应颜色的预览图标，则颜色会增加一个等级，若单击"加深青色"图标，如图 6-76 所示，则可以得到图 6-77 所示的效果。

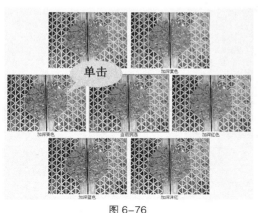

图 6-76

图 6-77

6.2.7 实例精练——制作微型景观特殊效果

使用修正普通广角镜头在拍摄景色时带来的透视偏差的方法，运用到正常照片上能为照片打造梦幻特效，Photoshop CS6 对俯视的风景照片使用蒙版和滤镜能将照片打造出微型景观的特殊效果。

原始图像

最终图像

操作难度： ★★
综合应用： ★★
发散性思维： ★★★

原始文件：随书光盘\
素材\06\03.JPG

最终文件：随书光盘\
源文件\06\制作微型景观特
殊效果.PSD

STEP 01 调整颜色
打开随书光盘\素材\06\03.JPG
素材图片。

❶ 创建"色相/饱和度"调
整图层，设置"全图"饱和
度为+22。

❷ 选择"红色"，设置饱和
度为+35。

❸ 选择"黄色"，设置饱和
度为+45。

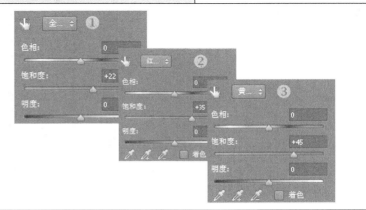

STEP 02 查看图像效果

❶ 继续在面板中选择"蓝色"，设置饱和度为+56。
❷ 在图像窗口中查看图像。

STEP 03 使用色彩范围

❶ 盖印图层，执行"选择>色彩范围"菜单命令，打开"色彩范围"对话框，设置"颜色容差"为 194，调整选择范围。
❷ 在图像窗口中查看图像。
❸ 选择"快速选择工具" ，按下 Alt 键在选区内单击，调整选区范围。

STEP 04 调整选区颜色

❶ 创建"曲线"调整图层，在打开的面板中单击并向下拖曳，调整曲线。
❷ 应用设置的曲线，调整选区明暗度。

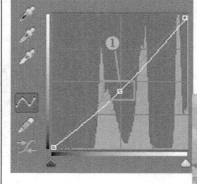

STEP 05　去除杂色

❶盖印图层，按下 Ctrl 键单击"曲线"图层缩览图，载入选区。

❷执行"滤镜>杂色>减少杂色"菜单命令，打开"减少杂色"对话框，设置"强度"为 3，"保留细节"为5%，"减少杂色"为 13%。

❸在图像窗口中查看减少杂色后的选区图像。

STEP 06　创建渐变效果

❶单击工具箱下方的"以快速蒙版模式编辑"按钮 🔲。

❷进入蒙版编辑状态，选择"渐变工具" 🔲，单击"对称渐变"按钮 🔲，从图像中间向下拖曳鼠标。

❸释放鼠标，填充渐变效果。

STEP 07　模糊图像

❶按下键盘上的 Q 键，退出快速蒙版，获取选区。

❷执行"滤镜>模糊>更多模糊>镜头模糊"菜单命令，打开镜头模糊对话框，在光圈选项中，设置形状为"七边形"，"半径"为 15，"叶片弯度"为 55，"旋转"为 97，单击"确定"按钮。

❸在图像窗口中查看效果。

STEP 08 设置色阶

❶创建"色阶"调整图层，在打开的"属性"面板中选择"增加对比度2"选项。

❷在图像窗口中查看图像效果。

6.2.8 实例精练——复古色调的视觉效果

一张照片的色彩将会直接影响到整个画面的效果，在 Photoshop 中，用户可以结合调整命令和渐变工具对画面的颜色进行修饰，通过将照片进行颜色的调整，打造具有复古韵味的艺术色调效果。

原始图像

最终图像

操作难度：★★
综合应用：★★★
发散性思维：★★★

原始文件：随书光盘\素材\06\04.JPG

最终文件：随书光盘\源文件\06\复古色调的视觉效果.PSD

STEP 01 锐化主体

打开随书光盘\素材\06\04.JPG素材图片。

❶在"图层"面板中复制"背景"图层得到"背景副本"图层。

❷在工具箱中，选中"椭圆选框工具"按钮，在选项栏中设置"羽化"值为40px，在图像中绘制选区。

❸执行"滤镜>锐化>锐化"菜单命令。

STEP 02 模糊背景

❶ 按快捷键 Ctrl+Shift+I 进行反向选择操作。

❷ 执行"滤镜>模糊>高斯模糊"菜单命令，打开高斯模糊对话框，设置"半径"为5.1像素，设置完成后单击"确定"按钮。

❸ 执行"选择>取消选择"菜单命令。

STEP 03 调整颜色

❶ 新建"色彩平衡"调整图层，打开"属性"面板，设置中间调为+28、+28、-68。

❷ 在色调平衡选项中，设置"阴影"色阶为-18、+1、+22。

❸ 在色调平衡选项中，设置"高光"色阶为+30、0、-30。

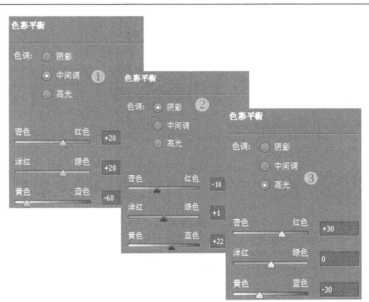

STEP 04 设置自然饱和度

❶ 单击"创建"面板中的"自然饱和度"按钮，打开"属性"面板，设置"自然饱和度"为-15，"饱和度"为-27。

❷ 在图像窗口中查看效果。

STEP 05 设置色阶

❶ 单击"创建"面板中的"色阶"按钮，打开"属性"面板，设置色阶值为 19、0.94、236。

❷ 在图像窗口中查看效果。

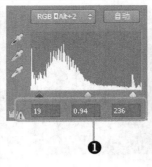

STEP 06 设置渐变编辑器

❶ 选择"渐变工具"，单击选项栏中的"渐变条"，在打开的"渐变编辑器"对话框中设置从 R228、G173、B88 到 R0、G96、B27 的渐变。

❷ 新建"图层 1"，设置混合模式为"柔光"，不透明度为 40%。

❸ 在图像窗口中拖曳渐变。

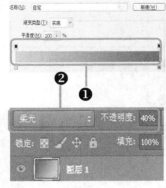

6.3　技能训练——仿老电影效果制作

　　本章主要讲解了数码照片的抠取与合成技术，包括"钢笔工具""魔棒工具""计算"命令等，通过运用这些技术，可以在不同类型的数码照片之间进行任意的合成，从而创建出更具个性的图像效果。为了进一步巩固本章所学的知识，下面为读者准备了几张素材照片。请读者利用前面所学知识，将这些照片选用合适的工具与命令编辑图像，为人像照片添加个性化效果。

➤➤ 01 设计效果

【习题素材】随书光盘\技能训练\素材\06\01.jpg（见图 6-78）

【习题源文件】随书光盘\技能训练\源文件\06\打造高对比的黑白艺术写真照片.psd

图 6-78

▶▶ **02　制作流程**

● 对照片进行着色处理，通过对色彩的转换，将原色彩照片转换为单色调效果，如图 6-79 所示。

● 为了增强照片中的怀旧气息，对图像应用滤镜，在照片中添加杂色点，并设置划痕效果，如图 6-80 所示。

● 利用图形绘制工具在图像边缘绘制边框，制作成电影胶片效果，如图 6-81 所示。

图 6-79　　　　　　　　　　　图 6-80　　　　　　　　　　　图 6-81

6.4　课后习题——设置 LOMO 风格照片效果

【习题知识要点】将图像转换为 Lab 颜色模式，设置"曲线"调整颜色，调整"色彩平衡"让画面色彩更符合表现主题，用"亮度/对比度"调整对比后，添加上个性化的文字，设置后的 LOMO 照片效果如图 6-82 所示。

【习题素材】随书光盘\习题\素材\06\01.jpg

【习题源文件】随书光盘\习题\源文件\06\设置 LOMO 风格照片效果.psd

图 6-82

第 7 章
黑白照片与彩色照片的转换

彩色照片和黑白照片有着同样的精彩，利用 Photoshop 可以为黑白照片添加色彩，将照片打造出独特的风格，也可以把彩色照片转换为影调平衡的黑白照片。

本章的重要概念有：理解黑白照片和彩色照片的转换方法，使用工具来建立蒙版，了解蒙版对照片色彩转换进行的操作与不同转换方法操作的区别。

本章知识点：

- ☑ 将彩色照片转换为黑白照片
- ☑ 为黑白照片上色
- ☑ 彩色照片与黑白照片的平衡处理

7.1　彩色照片转换为黑白照片

如果说彩色照片给人以精彩，那么黑白照片则给人以韵味，部分主题的照片以黑白模式表现能更好地展现照片的内涵，体现照片的意境，Photoshop CS6 有许多方法能将彩色照片转化为黑白照片。

7.1.1　"灰度"命令

灰度模式在图像中使用不同的灰度级，在 8 位图像中，最多有 256 级灰度。灰度图像中的每个像素都有一个黑色到白色之间的亮度值，执行"图像>模式>灰度"菜单命令，如图 7-1 所示，打开"信息"对话框，单击"扔掉"按钮，如图 7-2 所示。

图 7-1

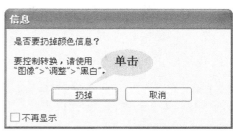

图 7-2

知识补充　将彩色照片转换为灰度模式会使文件变小，但是扔掉颜色信息会导致两个相邻的灰度级转换成完全相同的灰度级，将彩色图像转换为黑白图像会使文件变得很大，但保留了颜色信息，这样可以将颜色映射到灰度级。

7.1.2　"去色"命令

"去色"命令可以将彩色图像转换为灰度图像，但图像的颜色模式保持不变。执行"图像>调整>去色"菜单命令，如图 7-4 所示，图像色彩由彩色变为黑白，如图 7-5 所示。

图 7-3

图 7-4

图 7-5

技巧点拨　去色命令与在"色相/饱和度"调整中将"饱和度"设置为 −100 的效果相同。

7.1.3　明度通道的分离

"明度通道的分离"是将图像转换为 Lab 色彩模式，在 Lab 色彩模式下，如图 7-6 所示，在"通道"面板中单击右上角的"下拉列表菜单"按钮，打开下拉列表菜单，选中"分离通道"选项，如图 7-7 所示，将明度通道分离出来，将彩色照片转化为黑白照片，如图 7-8 所示。

图 7-6　　　　　　　　图 7-7　　　　　　　　　图 7-8

7.1.4　"计算"命令

Photoshop CS6 中的"计算"命令可以混合两个来自一个或多个源图像的单个通道，并将混合后的效果应用于新图像、通道或当前打开图像的选区中。执行"图像>计算"菜单命令，打开"计算"对话框，如图 7-9 所示。

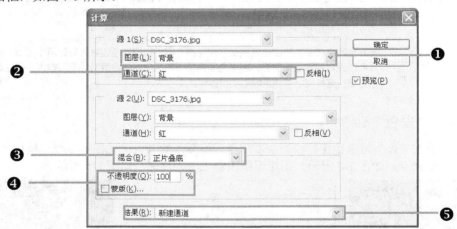

图 7-9

❶　图层

单击"图层"右侧的下拉按钮，在打开的下拉列表中选择用于设置"源 1"和"源 2"图像文件中的不同图层。

❷　通道

单击"通道"右侧的下拉按钮，在打开的下拉列表中选择用于设置"源 1"和"源 2"图像文件中的不同通道。

❸　混合

"混合"下拉列表用于设置图层中通道或图像的模式，单击"通道"右侧的下拉按钮，即可根据需要选择合适的混合模式。打开图 7-10 所示的图像，设置"模式"为"正片叠底"时，效果如图 7-11 所示；设置"模式"为"变亮，效果如图 7-12 所示。

图 7-10

图 7-11

图 7-12

知识
补充

在 Photoshop CS6 中应用"应用图像"命令和"计算"命令都可以实现图层和通道之间的快速混合,使用"应用图像"命令,则在单个和复合通道中进行混合;若使用"计算"命令,则只在单个通道中进行混合。

❹ 蒙版

勾选"蒙版"复选框,"计算"对话框中会显示更多的选项,如图 7-13 所示,在打开的"蒙版"选项区中进一步设置图像、图层和通道等各项参数。

图 7-13

❺ 结果

在"结果"下拉列表中为用户提供了 3 种不同的计算存储方式,包括"新建文档""新建通道"和"选区"选项,选择"新建文档"选项,则将计算结果创建为一个新的文档,如图 7-14 所示;选择"新建通道"选项,则将计算结果存储于新建的 Alpha1 通道之中,如图 7-15 所示;选择"选区"选项,则将计算结果在当前图像中创建为选区对象,如图 7-16 所示。

图 7-14

图 7-15

图 7-16

7.1.5 实例精练——设置简单的黑白照片

照片缺少个性，不防将随手都能拍摄的彩色照片转换为独具特色的黑白照片，使画面更有表现力。在 Photoshop 中，利用"去色"命令可以快速将照片中的色彩去除，设置简单的黑白效果。

最终图像

原始图像

操作难度：★★
综合应用：★★
发散性思维：★★

原始文件：随书光盘\素材\07\01.jpg

最终文件：随书光盘\源文件\07\设置简单的黑白照片.psd

STEP 01 复制图层并去色

打开随书光盘\素材\07\01.jpg 素材图片。

❶ 在"图层"面板中，复制"背景"图层得到"背景副本"图层。

❷ 执行"图像>调整>去色"菜单命令，将图像转化为黑白图像。

❸ 在图像窗口中查看效果。

STEP 02 调整亮度对比度

❶ 执行"图像>调整>亮度/对比度"菜单命令，打开"亮度/对比度"对话框，设置亮度为 5，对比度为 54。

❷ 在"图层"面板中，单击"创建新图层"按钮 ，创建新图层。

STEP 03 绘制边框

❶在工具箱中，单击“矩形选框工具”按钮，在选项栏中选中“从选区减去”按钮，在图像中绘制选区。

❷按快捷键 Ctrl+Delete 进行快速填充操作，将选区填充为背景色。

❸执行“选择>取消选择”菜单命令。

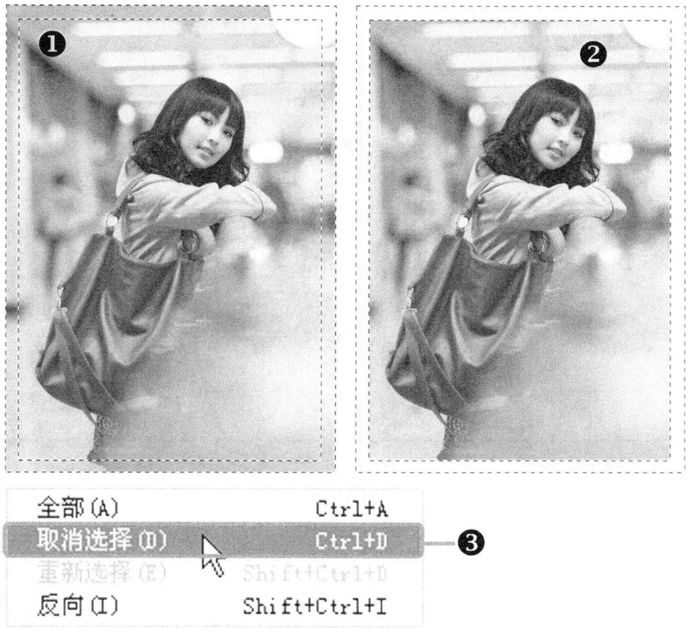

STEP 04 添加文字

❶执行“图层>图层样式>外发光”菜单命令，打开“图层样式”对话框。

❷在“外发光”选项中，设置颜色为“黑色”，“扩展”为 17%，“方法”为“柔和”，“大小”为 29 像素。

❸在工具箱中单击“横排文字工具”按钮，键入文字。

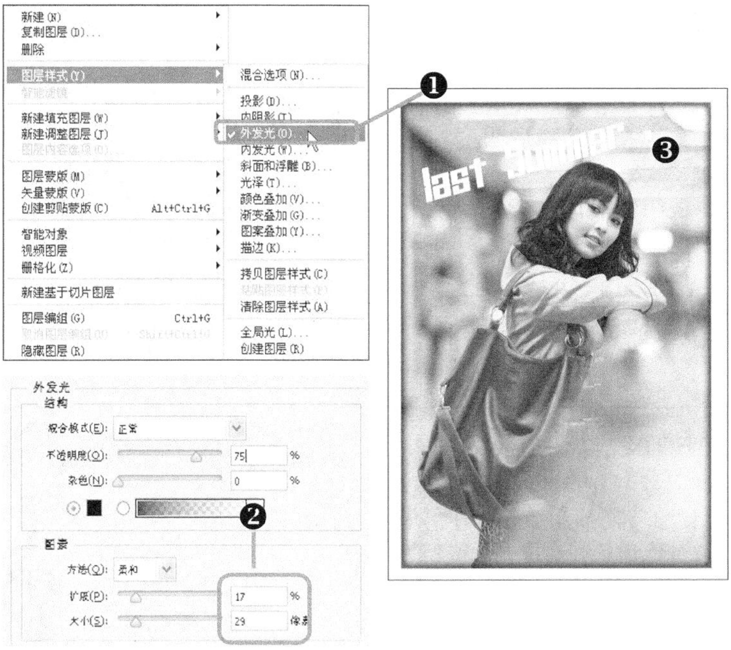

7.1.6 实例精练——设置层次分明的黑白照片

黑白照片与彩色照片相比，黑白照片更具有表现力，更能表现画面的层次感。利用 Photoshop 中的通道分离功能，可以将色彩不够绚丽的彩色照片转换为黑白效果。

原始图像

最终图像

操作难度：**
综合应用：**
发散性思维：***

原始文件：随书光盘\
素材\07\02.JPG

最终文件：随书光盘\
源文件\07\设置层次分明的
黑白照片.PSD

STEP 01 转换色彩模式

打开随书光盘\素材\07\02.JPG
素材图片。

❶执行"图像>模式>Lab 颜
色"菜单命令，将图像转换
为 Lab 颜色模式。

❷在"通道"面板中，单击
右上角的扩展按钮，打开
下拉列表菜单，选中"分离
通道"，查看分离后明度通道
图像。

❸在图像窗口中查看效果。

STEP 02 调整明暗

❶执行"图像>调整>亮度/
对比度"菜单命令，打开"亮
度/对比度"对话框，设置"亮
度"为 14，"对比度"为 35。

❷执行"图像>调整>色阶"
菜单命令，打开"色阶"
滤镜对话框，选择"较亮"
选项。

❸在图像窗口中查看效果。

亮度/对比度

亮度：　14　　　确定
对比度：　35　　　取消

□使用旧版(L)

预设(E)：较亮

通道(C)：灰色

输入色阶(I)：

144

STEP 03 添加文字

❶选择"画笔工具",在"画笔预设"选取器中选择合适的画笔。

❷继续设置画笔笔触大小为500px。

❸设置前景色为白色,新建图层,添加文字。

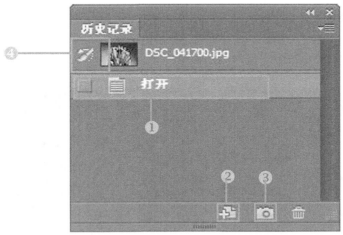

7.2 为黑白照片上色

Photoshop CS6 除了能将彩色照片转化为黑白照片,还能为黑白照片找回"失去"的颜色,使用不同的操作为黑白照片添加真实的色彩和梦幻的色彩。

7.2.1 "历史记录"

使用"历史记录"面板可以将当前工作跳转到所创建图像的任意最近状态,每次对图像应用更改,图像的新状态都会添加到该面板中,执行"窗口>历史记录"菜单命令,打开"历史记录"面板,如图 7-17 所示。

图 7-17

❶ **历史列表**

对图像的每一步操作都会被记录下来,记录图像最近的状态,可任意跳转到所创建图像的任一最近状态。当选择某个状态时,它下面的各个状态将呈灰色,如图 7-18 所示,单击状态名称即可自由跳转,如图 7-19 所示。

图 7-18　　　　　　　　　　　　　　图 7-19

❷　**从当前状态创建新文档**

单击"从当前状态创建新文档"按钮，或者将状态或快照拖动到"从当前状态创建新文档"按钮上，将创建新的文档，如图 7-20 所示，历史列表只包含"复制状态"条目，如图 7-21 所示。

图 7-20　　　　　　　　　　　　　　图 7-21

❸　**创建新快照**

单击"创建新快照"按钮，可建立图像任何状态的临时副本，新快照将添加到历史记录面板顶部的快照列表中，如图 7-22 所示，选择一个快照使您可以从图像的那个版本开始工作，如图 7-23 所示。

图 7-22　　　　　　　　　　　　　　图 7-23

❹　**设置历史记录画笔源**

"设置历史记录画笔源"用于使用工具箱中的"历史记录画笔工具"时，画笔源的设置，可设置为任意的快照，如图 7-24 所示，或历史列表中的任意状态，如图 7-25 所示。

图 7-24

图 7-25

7.2.2 "快照"

　　快照与"历史记录"面板中列出的状态有许多类似之处且更易于识别，在整个工作过程中，可以随时存储快照，轻松创建比较效果，利用快照还可以轻松恢复工作。

　　选择一种状态，单击"历史记录"面板中的"创建新快照"按钮 ，可建立快照，新快照将添加到历史记录面板顶部的快照列表中，如图 7-26 所示；或者单击"历史记录"面板右上角的扩展按钮，打开下拉列表菜单，选择"新建快照"，如图 7-27 所示。

图 7-26

图 7-27

> **知识补充**　打开文档时 Photoshop CS6 自动创建第一幅快照，在历史记录面板的顶端即自动创建图像初始状态的快照。

　　打开"新建快照"对话框，如图 7-28 所示，在"名称"文本框中输入快照的名称，从"自"菜单中选取快照内容，"全文档"建立该状态下图像中所有图层的快照，"合并的图层"建立的快照会合并该状态下图像中的所有图层，"当前图层"只建立该状态下当前选定图层的快照，如图 7-29 所示。

图 7-28

图 7-29

> **技巧点拨**　从"历史记录"面板菜单中选取"历史记录选项"，勾选"存储时自动创建新快照"，每次存储时也会生成一个快照。

双击"快照 1",然后输入一个名称,重命名快照,如图 7-30 所示;选中"快照 1",单击面板菜单,打开下拉列表菜单,选中"删除"命令,如图 7-31 所示;或者在"历史记录"面板中,单击"删除"按钮 🗑,删除"快照 1",如图 7-32 所示。

图 7-30   图 7-31   图 7-32

 技巧点拨 快照不会与图像一起存储,关闭某个图像将会删除其快照。同时,除非您选择了"允许非线性历史记录"选项,否则,如果选择某个快照并更改图像,则会删除"历史记录"面板中当前列出的所有状态。

7.2.3 "色相/饱和度"

"色相/饱和度"命令可以调整图像中特定颜色范围的色相、饱和度和亮度,同时,利用该命令也可以简单地为黑白照片进行着色。打开一张黑白照片,如图 7-33 所示,单击"图层"面板底部的"创建新的填充或调整图层"按钮 ⬤,在打开的菜单中选择"色相/饱和度"命令,或执行"图层>新建调整图层>色相/饱和度"菜单命令,打开"属性"面板,如图 7-34 所示,在面板中勾选"着色"复选框后,通过设置"色相""饱和度",为照片添加颜色,图像效果如图 7-35 所示。

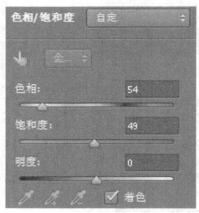

图 7-33   图 7-34   图 7-35

7.2.4 "渐变"命令

Photoshop 中的"渐变"填充命令可以创建多种颜色间的逐渐混合,它主要通过应用彩色渐变产生效果明显的色彩变化效果。打开需要进行上色的黑白照片,如图 7-36 所示,单击"图层"面板底部的"创建新的填充或调整图层"按钮 ⬤,在打开的菜单中选择"渐变"命令,如图 7-37 所示。

图 7-36　　　　　　　　　　　　　　　图 7-37

打开"渐变填充"对话框，如图 7-38 所示，在对话框中单击"渐变"右侧的下拉按钮▼，可以选择要设置的渐变色，如图 7-39 所示，设置后单击"确定"按钮，关闭对话框。

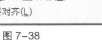

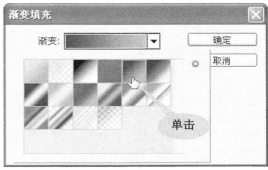

图 7-38　　　　　　　　　　　　　　　图 7-39

"图层"面板中将创建一个名为"渐变填充 1"的调整图层，如图 7-40 所示，此时通过更改图层混合模式，即可完成黑白照片的着色，如图 7-41 所示。

图 7-40　　　　　　　　　　　　　　　图 7-41

7.2.5　实例精练——精细地为照片进行上色

随着时间的推移和技术的进步，照片由原本的黑白照片发展为现在的彩色照片，可是在彩色照片之前的黑白照片就不能再有色彩了吗？使用 Photoshop CS6 为黑白照片精细上色，为少女找回青春的色彩。

『十二五』职业教育国家规划教材

原始图像 最终图像

操作难度：**★★★**
综合应用：**★★**
发散性思维：**★★**

　　原始文件：随书光盘\
素材\07\03.jpg
　　最终文件：随书光盘\
源文件\07\精细地为照片进
行上色.psd

STEP 01 新建调整层

打开随书光盘\素材\07\03.jpg
素材图片。

❶复制"背景"图层，得到
"背景副本"图层。

❷在"图层"面板中，单击
"创建新的填充或调整图层"
按钮 ◎ ，选中"色相/饱和
度"菜单命令，创建新的调
整图层。

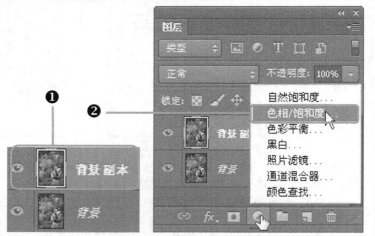

STEP 02 为背景着色

❶在"调整"面板中，勾选
"着色"，设置"色相"为144，
"饱和度"为36，"明度"为
-7。

❷在"图层"面板中，选中
"色相/饱和度1"蒙版，选中
"画笔工具" ✎ ，在除背景
外的地方涂抹。

❸在图像窗口中查看效果。

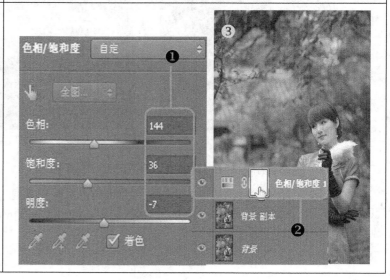

STEP 03　调整色阶

❶按 Ctrl 键并单击"色相/饱和度 1"蒙版缩览图，载入选区。

❷创建"色阶"调整图层，选择"增加对比度 2"选项，增强对比度。

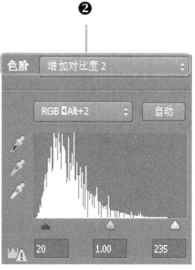

STEP 04　调整色相/饱和度

❶在"图层"面板中新建"色相/饱和度 2"调整图层。

❷打开"属性"面板，勾选"着色"复选框，设置"饱和度"为76。

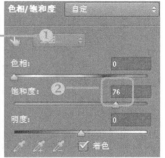

STEP 05　为衣服着色

❶在"图层"面板中，选中"色相/饱和度 1"蒙版，选中"画笔工具" ，在除背景外的地方涂抹。

❷在图像窗口中查看效果。

❸单击工具箱中的"钢笔工具"按钮 ，沿着皮肤绘制路径。

STEP 06　载入皮肤选区

❶打开"路径"面板，选中路径，单击面板底部的"将路径作为选区载入"按钮。

❷将绘制的路径载入到选区中。

❸在"图层"面板中创建"色相/饱和度 3"调整图层。

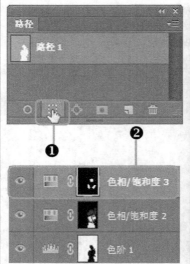

STEP 07　为皮肤着色

❶打开"属性"面板，勾选"着色"复选框，设置"色相"为 22，"饱和度"为 33，"明度"为-25。

❷选中"色相/饱和度 3"蒙版，用"画笔工具"适当修饰皮肤颜色。

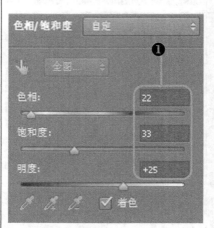

STEP 08　设置色彩平衡

❶创建"色彩平衡"调整图层，选择"阴影"单选按钮，设置颜色为-48、+17、+8。

❷单击"中间调"单选按钮，设置颜色为+30、-11、-12。

❸单击"高光"单选按钮，设置颜色为-3、-11、+11。

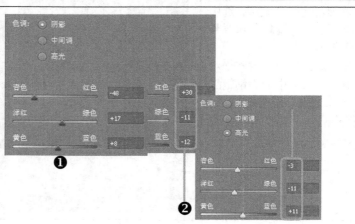

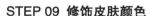

STEP 09　修饰皮肤颜色

❶在图像窗口中查看效果。

❷在"图层"面板中选择"色彩平衡 1"图层蒙版，使用"画笔工具" 🖌 在除皮肤外的其他区域涂抹。

❸在图像窗口中查看效果。

STEP 10　调整眼睛亮度

❶单击工具箱中的"套索工具"按钮 ◯，设置"羽化"值为1，沿着眼睛绘制选区。

❷创建"亮度/对比度"调整图层，设置"亮度"为39，"对比度"为15。

❸在图像窗口中查看效果。

STEP 11　设置色彩平衡

❶在"图层"面板中创建"色彩平衡 2"调整图层。

❷打开"属性"面板，单击"阴影"单选按钮，设置颜色为-8、0、-16。

❸单击"中间调"单选按钮，设置颜色为+14、-11、-25。

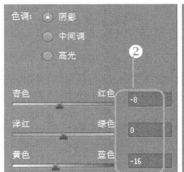

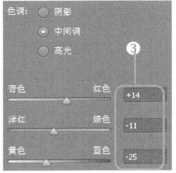

STEP 12　为头发着色

❶在图像窗口中查看效果。

❷在"图层"面板中选择"色彩平衡 2"图层蒙版，使用"画笔工具"在除皮肤外的其他区域涂抹。

❸在图像窗口中查看效果。

STEP 13　调整嘴唇颜色

❶单击工具箱中的"拾色器（前景色）"按钮，设置前景色为 R144、G27、B2。

❷新建"图层 1"图层，设置混合模式为"柔光"。

❸在嘴唇上方涂抹，变换唇色。

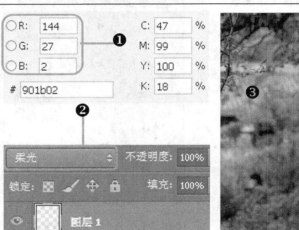

7.3　彩色照片与黑白照片的平衡处理

　　随着科技的进步，摄影由黑白照片变成了彩色照片，但是黑白照片的拍摄仍然受到摄影师的广泛喜爱，常会为照片的经典和优雅感叹，使照片中的彩色与黑白达到一种平衡，展示照片别样的美丽。在 Photoshop CS6 中可以使用蒙版将照片的部分转换色彩，使单调的黑白变得丰富多彩。

7.3.1　"图层蒙版"

　　向图层添加蒙版，然后使用此蒙版隐藏部分图层。蒙版图层是一项重要的复合技术，也可以用于局部的颜色和色调校正。图层蒙版是与分辨率相关的位图图像，可使用绘画或选择工具进行编辑。

　　选中要编辑的蒙版的图层，打开"创建"面板，在面板中选择"蒙版"选项，单击"添加用户蒙版"按钮，如图 7-42 所示，将会打开"属性"面板，在属性面板中可对蒙版的浓度、羽化等选项进行设置，如图 7-43 所示。

图 7-42

图 7-43

❶ 浓度

"浓度"滑块用来控制蒙版的不透明度，使用鼠标拖曳滑块，调整蒙版的不透明度，数值越小浓度越小，如图 7-44 所示；数值越大浓度越大，如图 7-45 所示。

图 7-44

图 7-45

❷ 羽化

使用"羽化"模糊蒙版边缘以在蒙住和未蒙住区域之间创建较柔和的过渡，在使用滑块设置的像素范围内，沿蒙版边缘向外应用羽化，数值越小浓度越小，如图 7-46 所示；数值越大浓度越大，如图 7-47 所示。

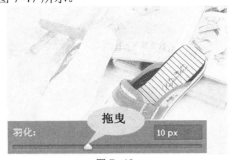

图 7-46

图 7-47

❸ 蒙版边缘、色彩范围、反向

"蒙版边缘"选项提供了多种修改蒙版边缘的控件，单击"蒙版边缘"按钮，打开"调整蒙版"对话框，如图 7-48 所示；"色彩范围"可用于创建蒙版，单击"色彩范围"按钮，打开"色彩范围"对话框，如图 7-49 所示；选择需要建立蒙版的颜色，建立蒙版，单击"反相"按钮可反转蒙住和未蒙住的区域，如图 7-50 所示。

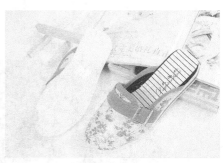

图 7-48   图 7-49   图 7-50

技巧点拨   在"图层"面板中，选中已经添加图层蒙版的图层，单击"属性"面板底部的"删除蒙版"按钮 🏛️，即可将选定图层的图层蒙版删除。

7.3.2 "阈值"命令

"阈值"命令可将灰度或彩色图像转换为高对比度的黑白图像，可以指定某个色阶作为阈值。如所有比阈值亮的像素转换为白色，而所有比阈值暗的像素转换为黑色，执行"图像>调整>阈值"菜单命令，打开阈值对话框，如图 7-51 所示。

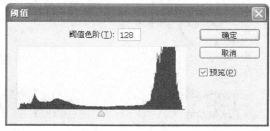

图 7-51

拖曳色阶滑块，设置阈值色阶，向左拖曳鼠标，图像中的白色区域增多，如图 7-52 所示；向右拖曳鼠标，图像中的黑色区域增多，如图 7-53 所示。

图 7-52   图 7-53

7.3.3 实例精练——为黑白照片设置艺术画效果

波普艺术成为今天年轻人的时尚游戏，以炫目的色彩表现张扬的个性，如果将经典黑白照片用大胆艳俗的色彩制作成通俗趣味的波普插画风格的照片，即使是普通的照片也会马上变得更新奇更独特。在 Photoshop CS6 中使用阈值命令可以为我们展示黑白照片与时尚的波普风格插画的碰撞。

原始图像

最终图像

操作难度：**★★**
综合应用：**★★★**
发散性思维：**★★★**

原始文件：随书光盘\素材\07\04.jpg

最终文件：随书光盘\源文件\07\为黑白照片设置艺术画效果.psd

STEP 01　调整对比度

打开随书光盘 \ 素材\07\04.jpg 素材图片。

❶在"图层"面板中，复制"背景"图层得到"背景副本"图层。

❷执行"图像>调整>亮度/对比度"菜单命令，打开"亮度/对比度"对话框，设置"对比度"为100。

❸在图像窗口中查看效果。

对比度：　100

STEP 02　阈值命令

❶执行"图像>调整>阈值"菜单命令，打开"阈值"对话框，设置"阈值色阶"为90。

❷执行"滤镜>纹理>纹理化"菜单命令，打开"纹理化"对话框，设置"纹理"为画布，"缩放"为155，"凸显"为7。

❸在图像窗口中查看效果。

阈值色阶(T): 90

纹理(T): 画布
缩放(S): 155
凸现(R): 7

STEP 03 绘制嘴唇

❶在工具箱中选中"钢笔工具" ，沿人物嘴唇绘制路径。

❷单击右键，打开菜单栏，选中"建立选区"选项，将路径转化为选区。

❸在"图层"面板中，单击"创建新图层"按钮 ，创建新图层，设置混合模式为"正片叠底"。

❹设置前景色为 R255、G0、B60，将选区填充为前景色。

❺在图像窗口中查看效果。

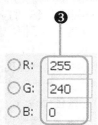

STEP 04 绘制头发

❶单击"创建新图层"按钮 ，创建新图层，设置混合模式为"叠加"。

❷选中"钢笔工具" ，沿人物头发绘制路径，按下快捷键 Ctrl+Enter，将路径转换为选区。

❸设置前景色为 R255、G240、B0，将选区填充为前景色。

❹在图像窗口中查看效果。

STEP 05 绘制皮肤

❶在工具箱中，选中"钢笔工具" ，沿人物皮肤绘制路径，建立选区。

❷设置前景色为 R249、G241、B195。

❸在"图层"面板中，单击"创建新图层"按钮 ，创建新图层，将选区填充为前景色，设置混合模式为"正片叠底"。

❹在图像窗口中查看效果。

STEP 06 增加细节 ❶在"图层"面板中，单击"创建新图层"按钮，创建新图层，设置前景色为 R244、G255、B202，填充图层，并将其图层混合模式设置为"变暗"。 ❷选择"画笔工具"，在选项栏中选择合适的画笔。 ❸在图像右侧单击，添加文字效果。	

7.4 技能训练——打造高对比度的黑白艺术写真照片

本章主要讲解了黑白照片与彩色照片之间的转换技术，包括各种不同转换黑白照片的菜单命令、黑白照片的上色技术以及色彩平衡调节等，运用这些技术可以快速地在彩色照片与黑白照片之间进行转换，从而获得更有感染力和创造力的画面效果。下面通过技能训练，让读者学习制作高对比度的黑白艺术写真照片，巩固本章所学知识。

➤➤ 01 设计效果

【习题素材】随书光盘\技能训练\素材\07\01.jpg（见图 7-54）

【习题源文件】随书光盘\技能训练\源文件\07\打造高对比度的黑白艺术写真照片.psd

图 7-54

▶▶ **02 制作流程**

● 将打开的背景复制，根据需要对照片中的颜色进行转换，去除颜色信息转换为黑白效果，如图 7-55 所示。

● 选择画面中的较亮的高光部分，通过提亮高光区域的图像亮度，使高光部分图像变得更亮，如图 7-56 所示。

● 为了使画面对比度增强，选择阴影部分，选择合适的调整命令对阴影的亮度进行调整，使阴影部分变得更暗，如图 7-57 所示。

图 7-55　　　　　　　　　　图 7-56　　　　　　　　　　图 7-57

7.5　课后习题——彩色照片中的部分黑白处理

【**习题知识要点**】运用"去色"命令快速转换为黑白照片，添加蒙版对照片中的部分色彩进行还原，调整色彩平衡控制画面的色调，添加黑白文字，深化照片要表现的主题制作出局部黑白的照片效果，如图 7-58 所示。

【**习题素材**】随书光盘\习题\素材\07\01.jpg

【**习题源文件**】随书光盘\习题\源文件\07\彩色照片中的部分黑白处理.psd

图 7-58

第8章
为数码照片添加文字及图形

在对数码照片进行后期处理的时候，为照片添加文字和图形能更好地表现照片的主体，调整照片的版式，平衡画面的构图，还能为照片增添趣味性。

本章的重要概念有：理解字符面板和段落面板对文字的设置，使用文字工具对文字进行变形处理，了解图层样式对图层的填充样式以及形状工具的使用。

本章知识点：

- ☑ 在数码照片中添加艺术文字
- ☑ 添加变形及特色文字
- ☑ 为数码照片添加图形

8.1 在数码照片中添加艺术文字

对文字的编辑是数码照片后期处理中不可缺少的一部分,一个完整的图片处理软件必定会包含文字工具。Photoshop CS6 中最常用的文字工具就是"横排文字工具",在字符面板和段落面板中可以对文字进行设置。

8.1.1 "横排/直排文字工具"

使用"横排文字工具"或"直排文字工具"可以在照片中添加横向排列或是纵向排列的文字效果。选择"横排/直排文字工具",然后在图像中要添加文字的位置单击设置光标插入点,然后在插入点位置即可以进行文字的添加操作。选择工具箱中的"横排文字工具"或"直排文字工具"后,即可显示对应的文字工具选项栏,在选项栏中查看该工具的选项栏,如图8-1 所示。

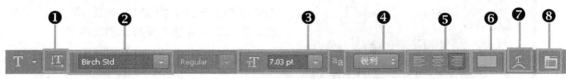

图 8-1

❶ **切换文本方向**

单击"切换文本方向"按钮，可以转换文字输入的方向。在图像中输入文字,效果如图 8-2 所示,单击"切换文本方向"按钮，效果如图 8-3 所示。

图 8-2

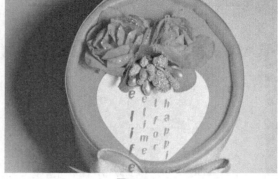

图 8-3

知识补充　文字图层的方向决定了文字行相对于文档窗口或外框的方向,当文字图层的方向为垂直时,文字上下排列;当文字图层的方向为水平时,文字左右排列,不要混淆文字图层的方向与文字行中字符的方向。

❷ **设置字体系列**

单击下拉列表按钮,打开下拉列表菜单,如图8-4 所示,选择所需字体,用于设置输入文本的字体,如图8-5 所示。

图 8-4　　　　　　　　　　　　　　　　　　图 8-5

❸　字体大小

单击下拉列表按钮，打开下拉列表菜单，如图 8-6 所示，列表中包含 14 种预设字体大小，可以单击选择所需大小，用于设置输入文本的字体大小，如图 8-7 所示；也可在文本框中直接输入字体大小，如图 8-8 所示。

图 8-6　　　　　　　　　　　图 8-7　　　　　　　　　　　　图 8-8

❹　取消锯齿的方法

单击下拉列表按钮，打开下拉列表菜单，列表包含"锐利""犀利""浑厚"和"平滑"四个选项，用于设置消除锯齿，用户可以根据需要选择所需方法。

❺　对齐方式

可以将文字与段落的某个边缘对齐，对齐选项只可用于段落文字，单击"左对齐文本"按钮，将文字左端对齐，如图 8-9 所示；单击"居中对齐文本"按钮，将文字居中对齐，如图 8-10 所示。

图 8-9　　　　　　　　　　　　　　　　　　图 8-10

单击"右对齐文本"按钮，将文字右端对齐，如图 8-11 所示。当文字光标处于当前行时，对齐方式仅对该行起作用，如图 8-12 所示。

图 8-11　　　　　　　　　　　　　　　图 8-12

❻　设置文本颜色

单击"设置文本颜色"按钮，打开"选择文本颜色"对话框，如图 8-13 所示，设置文本颜色，如图 8-14 所示。

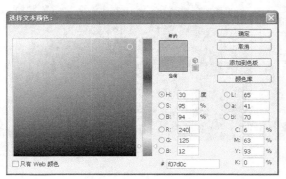

图 8-13　　　　　　　　　　　　　　　图 8-14

❼　创建文字变形

单击"创建文字变形"按钮，打开"变形文字"对话框，如图 8-15 所示，可以使文字变形以创建特殊的文字效果，打开"样式"下拉列表对话框，其中包括扇形、上弧、下弧等样式，选中"扇形"样式，文字效果如图 8-16 所示。

图 8-15　　　　　　　　　　　　　　　图 8-16

在"弯曲""水平扭曲""垂直扭曲"选项中，拖曳滑块，调整文字效果，选项中"弯曲"调整字体变形的弧度，"水平扭曲"调整字体水平扭曲的位置，"垂直扭曲"调整字体垂直扭曲的位置，如图 8-17 和图 8-18 所示分别为设置弯曲和水平扭曲值后所得到的文字效果。

图 8-17

图 8-18

❽　**切换字符和段落面板**

　　"字符"面板提供用于设置字符格式的选项，"段落"面板可更改列和段落的格式设置，单击"切换字符和段落面板"按钮，打开"字符"面板，如图 8-19 所示，同时打开"段落"面板，如图 8-20 所示。

图 8-19

图 8-20

8.1.2　"字符"面板

　　"字符"面板用于调整设置字符格式，选项栏中也提供了一些格式设置选项，执行"窗口>字符"菜单命令，打开"字符"面板，如图 8-21 所示。

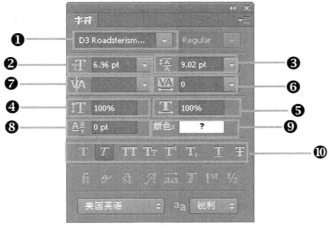

图 8-21

❶ 设置字体系列

在"字体系列"下拉列表菜单中，选取一个字体系列，在"字符"面板中对字体系列进行设置，在图像上键入文字时文字为设置的字体系列，如图 8-22 所示；如需更改则在图像中选中需要更改字体的文字，在"字符"面板中更改字体系列，如图 8-23 所示。

图 8-22   图 8-23

技巧点拨 可以通过在文本框中键入字体系列的名称来选取字体系列和样式，键入一个字母后，会出现以该字母开头的第一个字体或样式的名称，继续键入其他字母直到出现正确的字体或样式名称。

❷ 字体大小

"字体大小"用于设置文本的字体大小。单击选择所需大小，也可在文本框中直接输入字体大小来键入文字。如需更改大小，选中需要更改字体的文字，设置字体大小，如图 8-24 所示。选中文字，设置字体大小为 30pt，效果如图 8-25 所示。

图 8-24   图 8-25

技巧点拨 要在"字符"面板中设置某个选项，请从该选项右边的弹出式菜单中选取一个值，对于具有数字值的选项，您也可以使用向上或向下箭头来设置值，或者可以直接在文本框中编辑值。当您直接编辑值时，按 Enter 键可应用值，按 Shift+Enter 组合键可应用值并随后高光显示刚刚编辑的值，或者按 Tab 键可应用值并移到面板中的下一个文本框。

❸ 设置行距

"行距"用于调整文字各行之间的垂直间距。列表中包含 14 种预设行距大小，值越大行与行之间的距离越远，如图 8-26 所示；值越小行与行之间的距离越近，如图 8-27 所示。

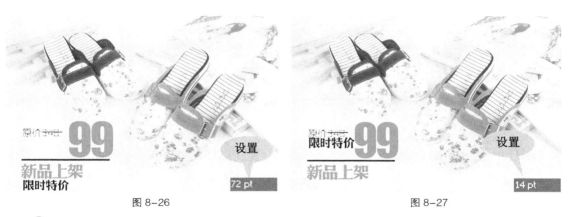

图 8-26   图 8-27

❹ 垂直缩放

"垂直缩放"用于设置相对字符的原始高度,指定文字高度的比例。未缩放字符的值为 100%,如图 8-28 所示;当设置缩放值为150%时,效果如图 8-29 所示。

图 8-28   图 8-29

❺ 水平缩放

"水平缩放"用于设置相对字符的原始宽度,指定文字宽度的比例,未缩放字符的值为 100%,如图 8-30 所示;修改文字水平缩放后比例文字整体长度增加,设置缩放值为150%时的效果如图 8-31 所示。

图 8-30   图 8-31

❻ 设置所选字符的字距调整

字距调整是放宽或收紧选定文本或整个文本块中字符之间的间距的过程,数值范围为-100～200。设置字距为-100 时,效果如图 8-32 所示;设置字距为200 时,文字效果如图 8-33 所示。

图 8-32 图 8-33

技巧点拨 若要一次性更改多个文本图层中的内容，则在选择多个文本图层后，单击"图层"面板底部的"链接图层"按钮 ⊖，将多个文本图层进行链接。

❼ **设置两个字符间的字距微调**

"字距微调"是增加或减少特定字符间距的过程，"设置两个字符间的字距微调"与"设置所选字符的字距调整"可同时使用。

❽ **设置基线偏移**

使用"基线偏移"相对于周围文本的基线上下移动所选字符，以手动方式设置数字或调整图片字体位置时，基线偏移尤其有用，选中要更改的字符或文字对象，输入正值会将字符的基线移到文字行基线的上方，如图 8-34 所示；输入负值则会将基线移到文字基线的下方，如图 8-35 所示。

图 8-34 图 8-35

❾ **颜色**

单击"设置文本颜色"按钮，打开"选择文本颜色"对话框，设置文本颜色。

❿ **设置字体样式**

字体样式用于对输入的文字添加各种不同的样式。单击"仿粗体"按钮 **T**，则将选中字符设置为粗体；单击"仿斜体"按钮 *T*，则将选中字符设置为斜体；单击"全部大写字母"按钮 **TT**，则将选中文本中的英文字符设置为大写；单击"小型大写字母"按钮 **Tr**，则将选中文本中的英文字符设置为小型大写；单击"上标"按钮 **T¹**，则将选中字符设置为上标位置；单击"下标"按钮 **T₁**，则将选中字符设置为下标位置；单击"下划线"按钮 **T**，则为选中字符添加下划线；单击"删除线"按钮 **T**，则为选中字符添加删除线，图 8-36、图 8-37 所示分别为设置"仿斜体"和"上标"后的文字效果。

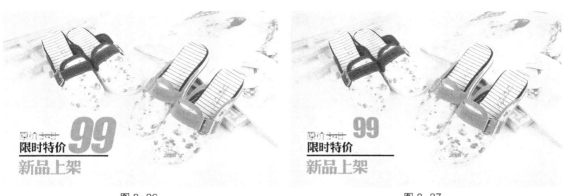

图 8-36　　　　　　　　　　　　　　　图 8-37

8.1.3　"段落"面板

"段落"面板主要对段落文字进行整体的控制，包括对段落文字进行左对齐、右对齐、居中对齐等，还包括对文字缩进距离的设置、行距的设置等，通过"段落"面板的控制，可以对多行多列的段落文字进行整齐规范的排列。执行"窗口>段落"菜单命令，打开"段落"面板，如图8-38 所示。

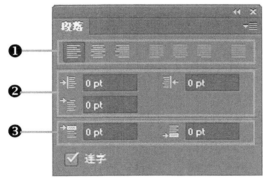

图 8-38

❶　文本对齐方式

用于设置文本的对齐方式，其中包括"左对齐文本"▤将文字左端对齐，如图 8-39 所示；"居中对齐文本"▤将文字居中对齐；"右对齐文本"▤将文字右端对齐，如图 8-40 所示。

图 8-39　　　　　　　　　　　　　　　图 8-40

"最后一行左对齐"▤右对齐除最后一行外的所有行，最后一行左对齐，如图 8-41 所示；"最后一行居中"▤右对齐除最后一行外的所有行，最后一行居中对齐，如图 8-42 所示。

图 8-41　　　　　　　　　　　　图 8-42

"最后一行右对齐"█左对齐除最后一行外的所有行，最后一行右对齐，如图 8-43 所示；"全部对齐"█分散对齐包括最后一行的所有行，最后一行强制对齐，如图 8-44 所示。

图 8-43　　　　　　　　　　　　图 8-44

❷　缩进

"缩进"是指定文字与外框之间或与包含该文字的行之间的间距量，缩进只影响选定的一个或多个段落，"左缩进"从段落的左边缩进，如图 8-45 所示；"右缩进"从段落的右边缩进；"首行缩进"缩进段落中的首行文字，如图 8-46 所示。

图 8-45　　　　　　　　　　　　图 8-46

❸　段落添加空格

使用段落添加空格，能快速地利用空格调整段落格式，在"段前添加空格"数值框中输入数值设置段落前添加空格的参数，在"段后添加空格"数值框中输入数值设置段落后添加空格的参数。

8.1.4 实例精练——为照片添加主题文字

照片是记录为我们成长岁月的重要方式，用照片记录下我们生活中的点点滴滴，可以留下人生美好的回忆。为了使照片更加美观，同时表现其纪念意义，可以为照片添加上文字，在丰富版面的同时，更是一种美好的寄托，使用 Photoshop 中的文字工具可以在照片中添加各式各样的文字，表现照片主题意境。

原始图像

最终图像

操作难度：★★
综合应用：★★★
发散性思维：★★★

原始文件：随书光盘\素材\08\01.JPG
最终文件：随书光盘\源文件\08\为照片添加主题文字.PSD

STEP 01 调整颜色

打开随书光盘\素材\08\01.JPG素材图片。

❶在"图层"面板中，复制"背景"图层得到"背景副本"图层。

❷创建"色彩平衡"调整图层，设置"中间调"颜色为-22、+16、-58。

❸设置"阴影"颜色为+10、-3、-12。

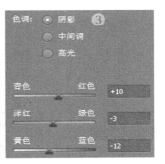

STEP 02 模糊图像

❶在图像窗口中查看效果。

❷按下快捷键Ctrl+Shift+Alt+E盖印图层，得到"图层 1"图层。

❸执行"滤镜>模糊>高斯模糊"菜单命令，打开"高斯模糊"对话框，设置"半径"为 4.0 像素，单击"确定"按钮。

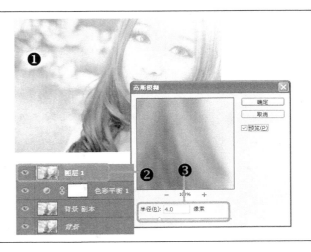

CHAPTER 8

STEP 03 更改图层混合模式

❶ 在图像窗口中查看模糊后的图像效果。

❷ 在"图层"面板中，选择"图层 1"图层，设置图层混合模式为"滤色"。

❸ 在图像窗口中查看效果。

STEP 04 绘制选区

❶ 在工具箱中单击"矩形选框工具"按钮，在选项栏中设置"羽化"为 200px。

❷ 在图像右侧绘制矩形选区。

❸ 按下快捷键 Ctrl+Shift+I，反选选区。

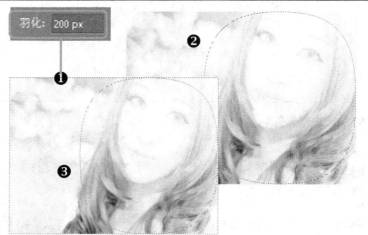

STEP 05 输入文字

❶ 单击"添加图层蒙版"按钮，为"图层 1"添加蒙版。

❷ 在图像窗口中查看效果。

❸ 选择"横排文字工具"，在"字符"面板中设置文字属性。

❹ 在图像中输入文字效果。

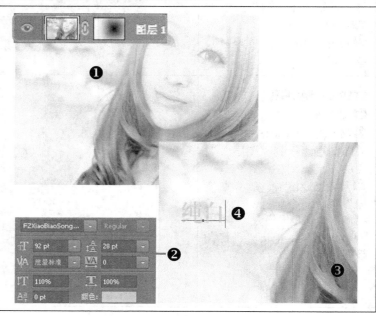

STEP 06　添加文字

❶ 使用"横排文字工具"选中文字"白"，在"字符"面板中设置文字属性。

❷ 在图像中查看设置后的文字效果。

❸ 继续使用同样的方法输入文字。

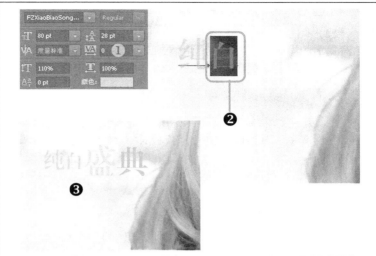

STEP 07　绘制路径

❶ 单击工具箱中的"钢笔工具"按钮 ，在图像中绘制工作路径。

❷ 打开"路径"面板，单击"将路径作为选区载入"按钮 。

❸ 载入路径选区，新建图层，设置颜色为 R150、G212、B225，填充选区。

STEP 08　设置图层样式

❶ 选中文字及上方的所有图层，按下快捷键 Ctrl+Alt+E，盖印选定图层。

❷ 双击"图层 2（合并）"图层，打开"图层样式"对话框，在对话框中设置投影。

❸ 为图像添加投影，继续使用文字工具输入更多文字。

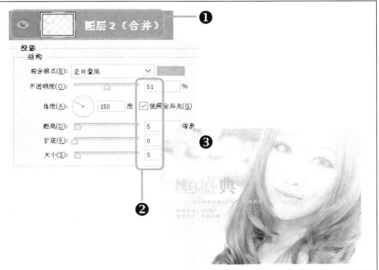

8.2　添加变形及特色文字

对文字的编辑除了在版式、字体、颜色、大小上进行设置还可以对文字本身的形状加以变形，让文字更具有特色来突出照片的艺术感，也可为文字添加样式，让文字不再是单调的平面形式。

8.2.1　"变形"文字

在工具箱中选中文字工具后在图像中键入文字，单击选项栏中的"创建文字变形"按钮，打开"变形文字"对话框，如图 8-47 所示，对文字进行变形处理，其中包括 15 种变形样式，如图 8-48 所示。

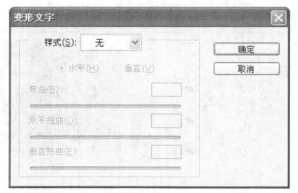
图 8-47

图 8-48

❶ **样式**

单击"样式"下拉列表菜单，选中"扇形"样式，文字形状变化为扇子的形状，文字弯曲的弧度为扇形，如图 8-49 所示；选中"下弧"样式，文字上方基线形状不变，文字下方基线弯曲，如图 8-50 所示。

图 8-49

图 8-50

❷ **变形方向**

变形文字对话框还能对变形样式进行调节，在样式下拉列表菜单的下方，包含"水平"和"垂直"两个选项，能分别对"弯曲""水平扭曲""垂直扭曲"3 个选项进行调整，如图 8-51 和图 8-52 所示为分别选中"水平"和"垂直"单选项，拖曳滑块，调整文字效果。

图 8-51	图 8-52

❸ **变形程度**

"弯曲"调整字体变形的弧度，数值范围为-100～+100，选中扇形样式时，设置数值为正值时文字向上弯曲，如图8-53所示；设置数值为负值时文字向下弯曲，如图8-54所示。

图 8-53	图 8-54

数值的绝对值越大弯曲的幅度越大，如图8-55所示；数值的绝对值越小弯曲的幅度越小，如图8-56所示。

图 8-55	图 8-56

"水平扭曲"调整字体水平扭曲的位置，数值范围为-100～+100，设置数值为正值时文字左小又大，如图8-57所示；设置数值为负值时文字左大右小，如图8-58所示。

图 8-57	图 8-58

"垂直扭曲"调整字体垂直扭曲的位置，数值范围为-100～+100，设置数值为正值时文字上小下大，如图 8-59 所示；设置数值为负值时文字上大下小，如图 8-60 所示。

图 8-59 　　　　　　　　　　　　　　图 8-60

技巧点拨　"垂直"选项下对"弯曲""水平扭曲""垂直扭曲"的设置与"水平"选项相同，只是方向变化。

8.2.2　"转换为形状"命令

在照片中添加文字后，为了获得具有特殊外形的字体效果，可以应用"转换为形状"命令把文字转换为形状进行编辑。将文字转换为形状，即将文字图层转换为形状图层，可以对文字应用和编辑样式等，但是不能再对文字属性进行更改。

在"图层"面板中选中要转换为形状的文字图层，如图 8-61 所示，执行"文字>转换为形状"菜单命令，如图 8-62 所示，转换后的"图层"面板状态如图 8-63 所示。

图 8-61 　　　　　　　　　　图 8-62 　　　　　　　　　　图 8-63

将文字转换为形状后，用"直接选择工具"在文字上方单击，即可选中文字形状，如图 8-64 所示，结合"钢笔工具"对该形状上的节点任意进行拖曳，如图 8-65 所示，经过反复调整文字形状后，按下 Enter 键变换文字效果，如图 8-66 所示。

图 8-64 　　　　　　　　　　图 8-65 　　　　　　　　　　图 8-66

8.2.3　图层样式

"图层样式"用于更改图层内容的外观，图层效果与图层内容链接，执行"图层>图层样式>混合选项"菜单命令，打开"图层样式"对话框，如图 8-67 所示，查看样式选项，如图 8-68 所示。

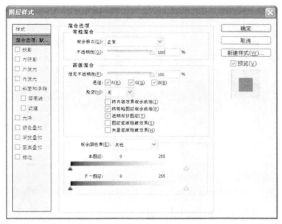

图 8-67

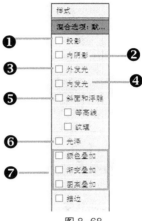

图 8-68

❶　投影

"投影"是在图层内容的后面添加阴影，在图层样式对话框中勾选"投影"选项，在选项栏中设置参数，如图 8-69 所示，查看到的图像效果如图 8-70 所示。

图 8-69

图 8-70

❷　内阴影

"内阴影"是紧靠在图层内容的边缘内添加阴影，使图层具有凹陷外观，在图层样式对话框中勾选"内阴影"选项，在选项栏中设置参数，如图 8-71 所示，查看到的图像效果如图 8-72 所示。

图 8-71

图 8-72

❸ **外发光**

"外发光"是从图层内容向外边缘发光的效果，在图层样式对话框中勾选"外发光"选项，在选项栏中设置参数，如图 8-73 所示，查看到的图像效果如图 8-74 所示。

图 8-73　　　　　　　　　　　　　图 8-74

❹ **内发光**

"内发光"从图层内容向内边缘发光的效果，在图层样式对话框中勾选"内发光"选项，在选项栏中设置参数，如图 8-75 所示，查看到的图像效果如图 8-76 所示。

图 8-75　　　　　　　　　　　　　图 8-76

❺ **斜面和浮雕**

"斜面和浮雕"是对图层添加高光与阴影的各种组合，使图像出现浮雕效果，在图层样式对话框中勾选"斜面和浮雕"选项，在选项栏中设置参数，如图 8-77 所示，查看到的图像效果如图 8-78 所示。

图 8-77　　　　　　　　　　　　　图 8-78

❻ **光泽**

"光泽"是创建光滑光泽的内部阴影，如图 8-79 所示，描边使用颜色、渐变或图案在当前图层上描画对象的轮廓，对于如文字一样的硬边形状特别有用，如图 8-80 所示。

图 8-79

图 8-80

❼　颜色叠加、渐变叠加、图案叠加

　　"颜色叠加"是用颜色填充图层内容，如图 8-81 所示；"渐变叠加"是用渐变填充图层内容，如图 8-82 所示；"图案叠加"是用图案填充图层内容，如图 8-83 所示。

图 8-81

图 8-82

图 8-83

8.2.4　实例精练——创建流动的文字效果

　　当我们在闲适地喝着咖啡时，也会用相机拍摄下那桌子上让人回味的食品。拍摄数码照片后，可以为照片添加主题性质的文字也可以为照片添加可爱的有流动效果的文字，增加画面的趣味性，让照片更加生动。

操作难度：★★★
综合应用：★★★
发散性思维：★★★

原始文件：随书光盘\素材\08\02.JPG
最终文件：随书光盘\源文件\08\创建流动的文字效果.PSD

STEP 01 设置图层样式

打开随书光盘\素材\08\02.JPG 素材图片。

❶在"图层"面板中，复制"背景"图层得到"背景副本"图层。

❷执行"图层>图层样式>斜面与浮雕"菜单命令，打开图层样式对话框，设置深度为 1000，大小为 29，软化为 8。

❸在图像窗口中查看效果。

STEP 02 调整曲线

❶新建"曲线"调整图层，在打开的面板中单击"曲线"下拉按钮，选择"增加对比度（RGB）"选项。

❷在图像窗口中查看设置效果。

STEP 03 调整文字

❶使用"横排文字工具"在页面上方输入文字。

❷单击"横排文字工具"按钮 T，在输入的文字上方拖曳，选取部分文字。

❸打开"字符"面板，在面板中更改字体系列及字体颜色。

❹在图像窗口中查看效果。

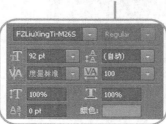

STEP 04　对文字变形

❶ 继续结合"横排文字工具"和"字符"面板调整其他文本大小。

❷ 选中文字，单击"创建变形文字"按钮，打开"变形文字"对话框，设置"旗帜"样式，"弯曲"为+81%。

❸ 在图像窗口中查看变形文字效果。

STEP 05　设置投影

❶ 双击文字图层，打开"图层样式"对话框，在对话框中勾选"投影"复选框，设置投影颜色及不透明度等，单击"确定"按钮。

❷ 在图像窗口中查看添加投影后的效果。

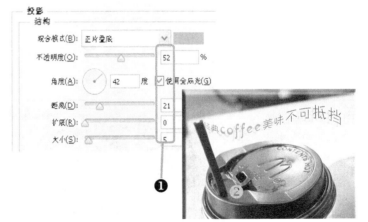

STEP 06　绘制路径

❶ 按下快捷键 Ctrl+J，复制文字，删除文字中的图层样式，并适当移动文字位置。

❷ 单击"钢笔工具"按钮，在图像左下角绘制路径。

❸ 按下快捷键 Ctrl+Enter，将路径转换为选区，新建图层，设置前景色为黑色，按下快捷键 Alt+Delete，填充选区。

『十二五』职业教育国家规划教材

STEP 07 绘制蝴蝶结

❶ 在工具箱中选中"自定形状工具"按钮 ，选中蝴蝶结，绘制绳索上的蝴蝶结。

❷ 在工具箱中单击"矩形工具"按钮 ，在蝴蝶结下方绘制矩形。

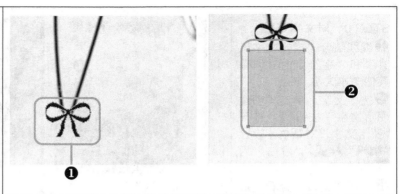

STEP 08 添加投影

❶ 双击矩形图案，打开"图层样式"对话框，在对话框中设置投影样式。

❷ 在图像窗口中查看添加的投影效果。

❸ 在工具箱中选择"横排文字工具"，在矩形中输入文字。

STEP 09 添加装饰

❶ 在工具箱中单击"自定形状工具"按钮 ，选中左手。

❷ 在图像中绘制白色手形图案。

❸ 按下快捷键 Ctrl+J，复制图层，执行"编辑>变换>水平翻转"菜单命令，翻转图像，移动位置与原手相对称。

8.2.5 实例精练——制作立体的文字效果

在逛家居商场时，展架上摆放整齐的被子也会让人产生无限联想。在拍摄的照片中，结合文字工具和图层样式为静物照片添加上立体的文字效果，可以为照片增色不少。

原始图像

最终图像

操作难度：★★★
综合应用：★★
发散性思维：★★★

原始文件：随书光盘\
素材\08\03.JPG
最终文件：随书光盘\
源文件\08\制作立体的文字
效果.PSD

STEP 01　设置文字

打 开 随 书 光 盘 \ 素 材
\08\03.JPG
素材图片。
❶单击"横排文字工具"
按钮 T，打开"字符"面
板，在面板中设置文字属
性。
❷在图像上方输入文字。

STEP 02　添加图层样式

❶双击文字图层，打开"图
层样式"对话框，勾选"斜
面和浮雕"复选框，设置
浮雕形式。
❷勾选"图层样式"对话
框中的"渐变叠加"复选
框，设置叠加颜色，单击
"确定"按钮。

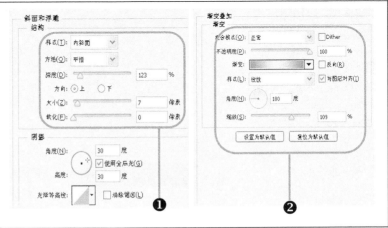

STEP 03　栅格化文字

❶ 在图像窗口中查看文字效果。

❷ 按快捷键 Ctrl+J，复制文字。

❸ 执行"图层>栅格化>文字"菜单命令，栅格化文字。

STEP 04　设置投影

❶ 执行"编辑>变换>垂直翻转"菜单命令，翻转文字。

❷ 选择"渐变工具"，单击"从前景色到透明渐变"。

❸ 为文字副本图层添加图层蒙版，使用"渐变工具"填充渐变，创建投影。

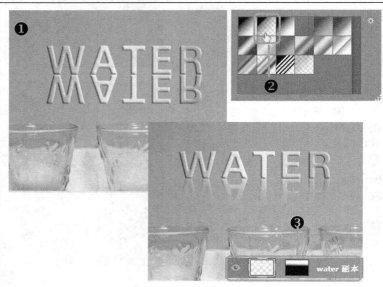

STEP 05　添加图层样式

❶ 继续使用"横排文字工具"在图像中输入文字。

❷ 打开"图层样式"对话框，在对话框中勾选"投影"复选框，设置"不透明度"为18%，"角度"为30度，"距离"为5，"大小"为5，单击"确定"按钮，为输入的文字添加投影。

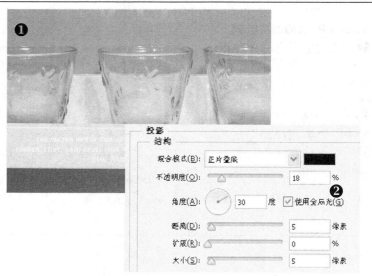

STEP 06　清除图层样式	
❶ 在图层面板中，复制"water"文本图层，得到"water 副本"图层，并将其移至原图像下方。 ❷ 右击副本图层，在打开的快捷键菜单下执行"清除图层样式"命令，去除图层样式。	
STEP 07　添加文字效果	
❶ 选择"water 副本 2"图层，打开"字符"面板，在面板中调整文字属性。 ❷ 使用"移动工具"调整文字位置，得到更立体的文字效果。	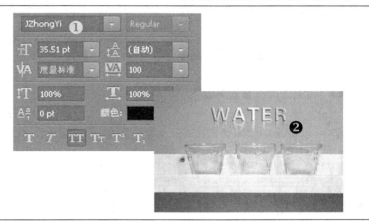

8.3　为数码照片添加图形

Photoshop CS6 有多种绘图工具，能在图像窗口中绘制出各种形状，可任意地修改图形的大小和颜色，其中自定形状工具中包含了许多预设的图形图像，并且增加了图形组合功能能帮助用户快速地绘制出千变万化的图形。

8.3.1　形状工具

形状工具是用于绘制形状的工具，是链接到矢量蒙版的填充图层，通过编辑形状的填充图层将填充更改为其他颜色、渐变或图案，也可以编辑形状的矢量蒙版以修改形状轮廓，并对图层应用样式，包括"矩形工具""圆角矩形工具""椭圆工具""多边形工具""直线工具""自定形状工具"，如图 8-84 所示。

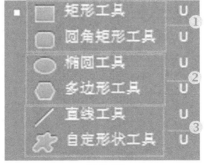

图 8-84

"十二五"职业教育国家规划教材

❶ 矩形工具、圆角矩形工具

选中"矩形工具" ▢ 在图像中绘制形状，拖曳鼠标，根据需要绘制形状大小，如图 8-85 所示；选中"圆角矩形工具" ▢ 在图像中绘制形状，"圆角矩形工具"与"矩形工具"绘制出的形状相似但是图形四个边角为圆角，如图 8-86 所示。

图 8-85　　　　　　　　　　　图 8-86

❷ 椭圆工具、多边形工具

选中"椭圆工具" ⬭ 在图像中绘制形状，按住 Shift 键并拖曳鼠标，能绘制出正圆图形，如图 8-87 所示；选中"多边形工具" ⬡ 在图像中绘制形状，在选项栏中修改边数，值为 3 至 100 之间，如图 8-88 所示。

图 8-87　　　　　　　　　　　图 8-88

❸ 直线工具、自定形状工具

选中"直线工具" ╱ 在图像中绘制形状，在选项栏中修改粗细，值为 1.000 至 1000.000 之间，如图 8-89 所示；选中"自定形状工具" ✿ 在图像中绘制形状，在选项栏中设置图形样式，如图 8-90 所示。

图 8-89　　　　　　　　　　　图 8-90

技巧点拨 形状工具选项栏中包括所有的形状工具，在工具箱中单击选中任意一种形状工具，在选项栏中均能快速地转换为其他形状工具。

8.3.2 自定义形状

"自定形状工具"是用于绘制各种形状的工具，在工具箱中，单击"自定形状工具"按钮 ，在选项栏中查看选项，如图 8-91 所示。

图 8-91

❶ 制造

在"自定形状工具"选项栏中，利用制造方式可以将绘制的几何形状转换为不同的方式，如选区、蒙版和图形等，如图 8-92 所示，绘制路径，单击"选择"按钮，打开"建立选区"对话框，在对话框中设置可创建选区，如图 8-93 所示。

图 8-92

图 8-93

单击"蒙版"按钮，将选定的形状转换为工作路径，并在"图层"面板中显示蒙版缩览图，如图 8-94 所示；单击"形状"按钮，则可以把绘制的路径转换为几何形状图案，如图 8-95 所示。

图 8-94

图 8-95

❷ 图形的组合

绘制路径时，单击选项栏的"路径操作"按钮 ，将会打开"路径"操作面板，如图 8-96 所示；在面板中执行"结合形状"命令，能将新的区域添加到现有形状或路径中，如图 8-97 所示；执行"减去当前图形"命令，能将重叠区域从现有形状或路径中移去，如图 8-98 所示。

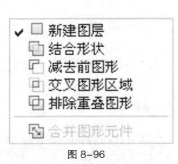

图 8-96

图 8-97

图 8-98

执行"交叉图形区域"命令，能将区域限制为新区域与现有形状或路径的交叉区域，如图 8-99 所示，执行"排除重叠图形"命令，能从新区域和现有区域的合并区域中排除重叠区域，如图 8-100 所示。

图 8-99

图 8-100

❸ 几何体选项

单击"几何体选项"按钮 ⚙，打开下拉列表，如图 8-101 所示，"定义的比例"是根据创建自定形状时所使用的比例进行渲染，"定义的大小"是根据创建自定形状时的大小进行渲染，"固定大小"根据在后方的"宽度"和"高度"文本框中输入的值，将矩形、圆角矩形、椭圆或自定形状渲染为固定形状。

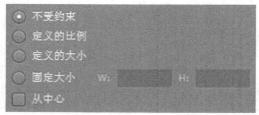

图 8-101

❹ 形状

单击"形状"后面的倒三角按钮 ，打开图形列表，如图 8-102 所示，列表中包含了多种图形样式，单击列表中的三角形按钮，打开的下拉列表选项包括对列表框的设置，如图 8-103 所示，下方是更多的形状预设分类，如图 8-104 所示，用户可以根据需求选择图形。

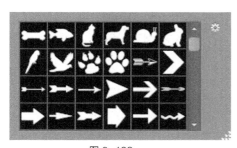

图 8-102

| 重命名形状... |
| 删除形状 |
| ✓ 仅文本 |
| 小缩览图 |
| 大缩览图 |
| 小列表 |
| 大列表 |
| 预设管理器... |
| 复位形状... |
| 载入形状... |
| 存储形状... |
| 替换形状... |

图 8-103

| 全部 |
| 动物 |
| 箭头 |
| 艺术纹理 |
| 横幅和奖品 |
| 胶片 |
| 画框 |
| 污渍矢量包 |
| 灯泡 |
| 音乐 |
| 自然 |
| 物体 |
| 装饰 |
| 形状 |
| 符号 |
| 台词框 |
| 拼贴 |
| Web |

图 8-104

8.3.3 实例精练——为照片添加时尚花纹边框

为了避免照片的单一性，可以使用自定形状工具中的花、蝴蝶、太阳等预设的形态，为照片添加花纹边框，使画面更加丰富多彩。

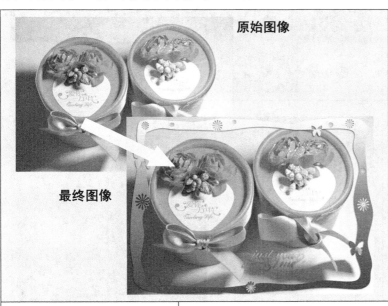

原始图像

最终图像

操作难度：**★★**
综合应用：**★**
发散性思维：**★★★**

原始文件：随书光盘\素材\08\04.JPG
最终文件：随书光盘\源文件\08\为照片添加时尚花纹边框.PSD

STEP 01 添加边框

打开随书光盘\素材\08\04.JPG素材图片。

❶ 复制"背景"图层得到"背景副本"图层。

❷ 在工具箱中单击"自定形状工具"按钮 ，在选项栏中设置形状为"边框 7"。

STEP 02 修饰边框

❶ 在选项栏中设置形状为"花 7"，单击"路径操作"按钮，打开面板。

❷ 执行"排除重叠图形"命令。

❸ 在边框上绘制花朵形状。

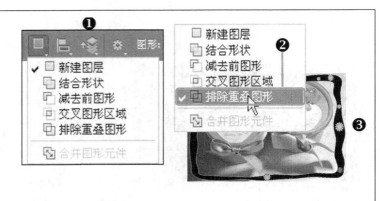

EP 03 修饰边框

❶ 在选项栏中设置形状为"蝴蝶"。

❷ 在图像中绘制蝴蝶形态，然后单击"图层"面板中的"背景副本"图层。

❸ 在图像窗口中查看效果。

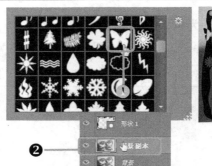

STEP 04 设置图层样式

❶ 选中所有形状图层，按下快捷键 Ctrl+Alt+E，盖印选定图层，执行"图层>图层样式>渐变叠加"菜单命令，打开"图层样式"对话框，设置渐变叠加。

❷ 在对话框中勾选"投影"复选框，单击"确定"按钮。

❸ 在图像窗口中查看效果。

STEP 05 添加文字

❶ 选择"画笔工具"，在"画笔预设"选取器中选择合适的画笔。

❷ 右击添加的图层样式，在打开的快捷键菜单下执行"拷贝图层样式"命令。

❸ 选中文字图层，右击该图层，在打开的快捷菜单中执行"粘贴图层样式"命令，添加图层样式。

8.4　技能训练——在照片中添加文案效果

本章主要讲解了如何向拍摄的数码照片中添加文字和图案效果，通过学习文字的输入、艺术化的文字变形、规则图案的绘制以及自定图案的添加等知识，在照片中设置与表现主题一致的文字与图案，增强图像的表现力。下面通过技能训练，结合本章所学知识，学习在照片中添加文案效果，效果如图 8-105 所示。

➤ 01　设计效果

【习题素材】随书光盘\习题\素材\08\01.jpg（见图 8-105）

【习题源文件】随书光盘\习题\源文件\08\在照片中添加方案效果.psd

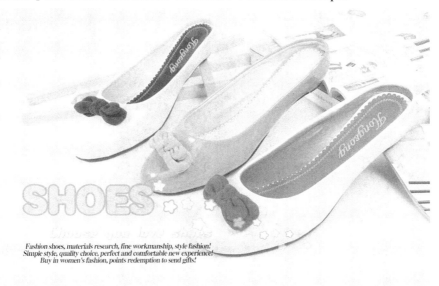

图 8-105

➤ 02　制作流程

● 对打开的鞋子照片的影调进行处理，让画面变得更为明亮后，选用文字工具输入对应的文字，如图 8-106 所示。

● 根据画面整体效果，选中主体文字，并为该文字添加合适的图层样式，丰富文字效果，如图 8-107 所示。

● 在设置好的文字旁边，运用图形绘制工具，绘制上不同大小的星形图案，复制这些星形图案，得到完整的画面，如图 8-108 所示。

图 8-106　　　　　　　　　　图 8-107　　　　　　　　　　图 8-108

边做边学——Photoshop CS6 数码艺术照片后期处理教程

8.5　课后习题——向照片添加艺术图形

【**习题知识要点**】运用形状工具绘制渐变背景，然后利用自定形状工具在照片中绘制规则的箭头图形，复制图形后，得到叠加的图案，最后把带花纹的艺术字体复制到照片中，更改混合模式，添加艺术图案后的照片效果如图 8-109 所示。

【**习题素材**】随书光盘\习题\素材\08\01.jpg

【**习题源文件**】随书光盘\习题\源文件\08\向照片添加艺术图形.psd

图 8-109

第9章
数码照片的抠图与合成艺术

Photoshop CS6 的图像合成功能是很强大的，基础图像的合成是基于对图像轮廓的修剪以及图层的合成，根据不同的合成效果选择合适的方法进行操作。

本章的重要概念有：理解抠图的基础知识，使用工具来修剪图像并合并图像，在图像处理中应用高级的合成命令，了解调整面板和蒙版的使用方法。

本章知识点：

- ☑ 抠图技巧
- ☑ 简单的图像合成效果
- ☑ 高级的照片合成技术
- ☑ 照片合成的典型应用

9.1 抠图技巧

使用 Photoshop CS6 对照片进行合成处理的方法有很多，抠图技巧是必备的，将照片中需要的元素通过不同的方法以最便捷最准确的方法提取出来，才能使后续的合成工作顺利进行。

9.1.1 "钢笔工具"

"钢笔工具"可用于绘制具有最高精度的图像，在工具箱中单击"钢笔工具"按钮 ，或者按 P 键，即可选择"钢笔工具"，在选项栏中查看该工具的选项，如图 9-1 所示。

图 9-1

❶ 工具模式

单击"工具模式"下拉按钮 ，在打开的列表中可以选择路径的绘制模式，包括"形状""路径"和"像素" 3 个工具绘制模式，单击"路径"模式，在图像中可以绘制出路径，并在"路径"面板中显示路径缩览图，如图 9-2 所示；单击"形状"模式，则在图像中绘制路径，闭合路径后路径内将被填充为形状，如图 9-3 所示。

图 9-2

图 9-3

❷ 路径操作

在"路径操作"面板中，可以对路径的组合方式进行设置，单击"路径操作"按钮，即可打开图 9-4 所示的"路径操作"面板，在面板中显示了用于路径操作的多种方式，选中不同的路径操作方式，可以让画面呈现不同的效果，图 9-5 所示为选用"自定形状工具"在图像中绘制图形。

图 9-4

图 9-5

图 9-6 所示为选择"合并形状"选项，在图形上绘制路径时，将两个图形合并为一个新的图形效果；图 9-7 所示为选择"排列重叠形状"选项，在图形上绘制路径时，减去两个图形相交部分所得到的画面效果。

图 9-6

图 9-7

❸ **几何体选项**

单击下三角按钮 ▾ 能看查隐藏的选项，在选择不同的钢笔工具时，选项也不相同，选中"钢笔工具" ✎ 按钮，单击下三角按钮 ▾，打开钢笔选项，如图 9-8 所示，勾选"橡皮带"复选框，绘制效果如图 9-9 所示。

图 9-8

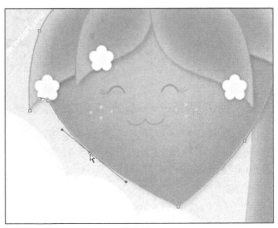

图 9-9

技巧
点拨　勾选"橡皮带"选项可在移动指针时预览两次单击之间的路径段；勾选"磁性的"选项在绘制路径将自动识别图像边缘，进行绘制。

❹ **自动添加/删除**

勾选"自动添加/删除"复选框，在绘制路径时自动在路径上进行锚点的添加和删除，取消勾选"自动添加/删除"复选框，当鼠标移动到路径上时不会出现添加和删除锚点的提示。

9.1.2 为"通道"添加调整命令

通道用于存储不同类型信息的灰度图像，打开不同色彩模式的图像后通道中的信息也不相同，再利用调整命令对通道进行色彩调整。

打开"通道"面板查看图像信息，如图 9-10 所示，单击选中需要调整的通道，隐藏其他通道，如图 9-11 所示。

图 9-10　　　　　　　　　　　　图 9-11

执行"图像>调整>色阶"菜单命令，如图 9-12 所示，打开"色阶"对话框并拖曳色阶选项滑块，对通道进行调整，如图 9-13 所示，单击 RGB 通道缩览图就可以看到调整通道后的效果，如图 9-14 所示。

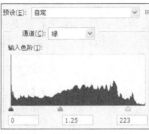

图 9-12　　　　　　　　　图 9-13　　　　　　　　图 9-14

9.1.3　实例精练——抠出人物发丝效果

在合成人物照片时飞舞凌乱的发丝是最难处理的，利用简单工具抠出来的图中发丝边缘会有很严重的白边，使用精确的抠图方法又会耗费大量的时间，为了快速精确地抠出凌乱的发丝，可以使用通道调整命令进行操作。

原始图像

最终图像

操作难度：★★
综合应用：★★★
发散性思维：★★★

原始文件：随书光盘\
素材\09\01.jpg\02.jpg
最终文件：随书光盘\
源文件\09\抠出人物发丝效果.psd

STEP 01 复制通道

打开随书光盘\素材\09\01.jpg
素材图片。

❶在"通道"面板中,将"绿"
通道选中,在图像窗口中显
示选中的"绿"通道图像。

❷复制"蓝"通道得到"蓝
副本"通道。

STEP 02 增加图像对比度

❶执行"图像>调整>色阶"
菜单命令,打开色阶对话框,
设置色阶为41、0.58、169。

❷在图像窗口中查看色阶
调整效果。

❸在工具箱中选择"画笔工
具",将人物涂抹成黑色。

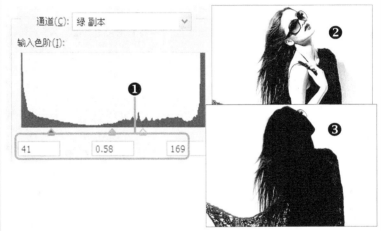

STEP 03 载入通道选区

❶在通道面板中,选中"绿
副本"通道,单击"将通道
作为选区载入"按钮 ⬚ 。

❷将"绿副本"通道中的图
像作为选区载入到画面中。

❸执行"选择>反向"菜单
命令,反选选区内的图像。

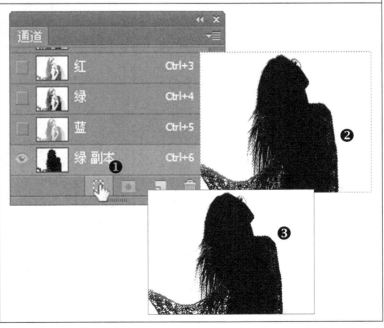

STEP 04 抠出选区图像

❶单击 RGB 颜色通道，显示调整选区后的图像。

❷在"图层"面板中，按下快捷键 Ctrl+J，复制选区内的图像，得到"图层 1"图层。

STEP 05 添加背景图像

打开随书光盘\素材\09\02.jpg 素材图片。

❶将打开的背景图像复制到人物图像上方，得到"图层 2"图层。

❷在图层面板中，选中"图层 1"图层，拖曳鼠标，调整图层顺序。

❸调整顺序后，显示新的背景图像。

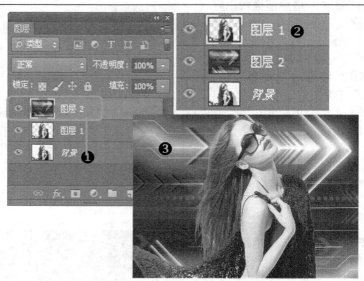

STEP 06 更改图层混合模式

❶选择"图层 1 副本"图层，将图层混合模式设置为"正片叠底"。

❷复制"图层 1"图层，得到"图层 1 副本"图层，将混合模式设置为"正常"。

❸在图像窗口中查看复制图层后的效果。

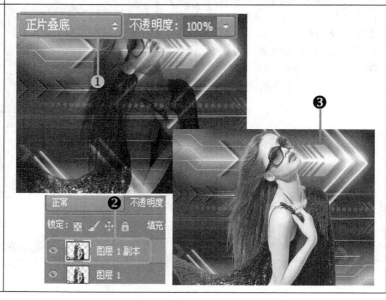

STEP 07 修饰发丝边缘

❶在"图层"面板中，选中"图层 1 副本"图层，单击"添加图层蒙版"按钮 ，添加图层蒙版。

❷选择"画笔工具"，在选项栏中调整不透明度和流量选项，运用黑色画笔涂抹发丝边缘位置。

❸调整画笔大小，反复涂抹，修饰发丝边缘。

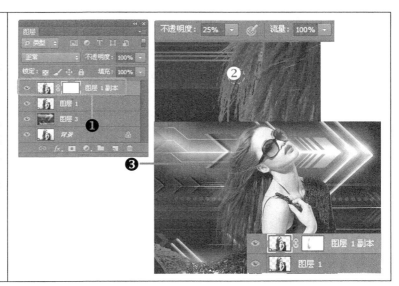

9.2 简单的图像合成效果

在 Photoshop CS6 中清除图像的方法有很多，可以根据需求绘制出图像轮廓来选中图像，这样需要图像有清晰的轮廓。当图像轮廓比较复杂或其他原因无法选中图像时使用背景橡皮擦工具或者魔棒工具能快速简单地清除图像。

9.2.1 "背景橡皮擦工具"

"背景橡皮擦工具"可在拖动时将图层上的像素抹成透明，从而可以在抹除背景的同时在前景中保留对象的边缘，在工具箱中单击"背景橡皮擦工具"按钮 ，或者按 E 键，即可选择"背景橡皮擦工具"，在选项栏中查看该工具的选项，如图 9-15 所示。

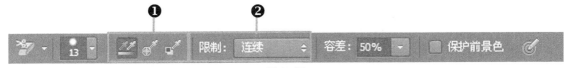

图 9-15

❶ 取样

单击"取样：连续"按钮 或单击"取样：一次"按钮 ，将图层上的像素抹成透明，单击"取样：背景色板"按钮 ，如图 9-16 所示，将图层上与背景色板容差范围内的像素抹成透明，如图 9-17 所示。

图 9-16

图 9-17

❷ 限制模式

单击"限制模式"下拉列表菜单命令，其中包括"连续" 抹除包含样本颜色并且相互连接的区域，"不连续"抹除出现在画笔下面任何位置的样本颜色，"查找边缘"抹除包含样本颜色的连接区域，同时更好地保留形状边缘的锐化程度。

 技巧点拨 如果使用的是压力传感式数字化绘图板，请单击"绘画板压力控制大小" 🖊 ，以便改变描边路线上背景橡皮擦的大小和容差。

9.2.2 "魔棒工具"

"魔棒工具"可以快速选择颜色一致的区域，在工具箱中单击"魔棒工具"按钮 ，或者按 P 键，即可选择"魔棒工具"，在选项栏中查看该工具的选项，如图 9-18 所示。

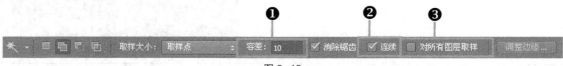

图 9-18

❶ 容差

"容差"确定选定像素的相似点差异，以像素为单位输入一个值，范围介于 0 到 255 之间，如果值较低，则会选择与所单击像素非常相似的少数几种颜色，如图 9-19 所示；值较高，则会选择范围更广的颜色，如图 9-20 所示。

图 9-19　　　　　　　图 9-20

❷ 连续

勾选"连续"复选框只选择使用相同颜色的邻近区域，容差范围内的所有相邻像素都被选中，如图 9-21 所示；取消勾选"连续"复选框，将会选择整个图像中使用相同颜色的所有像素，如图 9-22 所示。

图 9-21　　　　　　　　　图 9-22

❸　**对所有图层取样**

勾选"对所有图层取样"复选框，魔棒将使用所有可见图层中的数据选择颜色；取消勾选"对所有图层取样"复选框，魔棒工具将只从现用图层中选择颜色。

知识补充	魔棒工具有一定的限制性，并不是在任何图像上都可使用，在位图模式的图像或 32 位通道的图像上不能使用魔棒工具。

9.2.3　实例精练——为照片替换新的背景效果

和朋友的拍摄的合照，表情姿势都很好可是背景却没有美感，将已有的背景换掉，挑选自己喜欢的背景让这些有特殊意义的照片更具有保存价值。

原始图像　　　最终图像

操作难度：★★
综合应用：★★
发散性思维：★★

原始文件：随书光盘\素材\09\03.jpg\04.jpg
最终文件：随书光盘\源文件\09\为照片替换新的背景效果.psd

STEP 01　抠取人物图像
打开随书光盘\素材\09\03.jpg素材图片。

❶在工具箱中选中"快速选择工具"，在人物上方单击，创建选区。

❷打开"羽化选区"对话框，输入"羽化半径"为 1 像素，单击"确定"按钮。

❸按下快捷键 Ctrl+J，复制选区内的图像。

STEP 02 添加新背景

打开随书光盘\素材\09\04.jpg
素材图片。

❶使用工具箱中的"移动工
具" ，将"图层 1"图层中
的人物移至新背景中。

❷按下快捷键 Ctrl+T，打开
变换工具，调整人像大小。

❸单击工具箱中的"橡皮擦
工具"按钮 ，将人物边缘
的多余图像擦除。

STEP 03 调整照片颜色

❶打开并选择"背景"图层，
创建"色相/饱和度"调整图
层，设置"饱和度"为+21。

❷在图像窗口中查看效果。

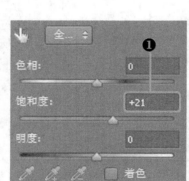

STEP 04 调整可选颜色

❶创建"可选颜色"调整图
层，设置颜色为"红色"，色
彩百分比为+21、+44、+62、
+28。

❷设置颜色为"黄色"，色
彩百分比为0、+8、+10、0。

❸设置颜色为"绿色"，色
彩百分比为+60、-27、+64、
0。

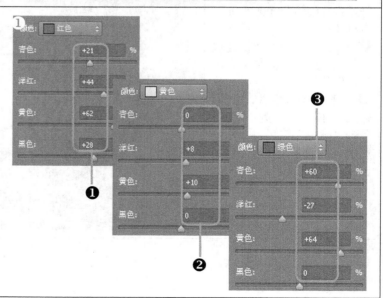

STEP 05　设置色阶增强对比

❶在图像窗口中查看效果。

❷创建"色阶"调整图层，在打开的"属性"面板中选择"增加对比度 2"选项。

❸在图像窗口中查看效果。

STEP 06　调整饱和度

❶按下 Ctrl 键单击"图层 1"图层缩览图，载入人物选区。

❷打开"创建"面板，单击面板下方的"色相/饱和度"按钮。

❸打开"属性"面板，在面板中设置全图饱和度为+12。

STEP 07　增强对比提亮照片

❶打开"创建"面板，单击面板下方的"亮度/对比度"按钮。

❷创建"亮度/对比度"调整图层，在打开的"属性"面板中设置"亮度"为 20，"对比度"为 8。

❸在图像窗口中查看效果。

9.2.4　实例精练——制作艺术与写实的照片合成效果

很多梦幻的数码照片都是后期合成的，在拍摄照片时将背景设置为大面积的纯色，后期处理时为照片更换背景就是一件很容易的事，使用魔棒工具能轻松地选取色彩相近的背景。

原始图像　　最终图像

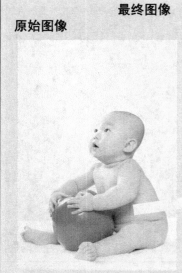

操作难度：★★
综合应用：★
发散性思维：★★

原始文件：随书光盘\
素材\09\05.jpg\06.jpg
最终文件：随书光盘\
源文件\09\制作艺术与写实
的照片合成效果.psd

STEP 01　单击创建选区

打开随书光盘\素材\09\05.jpg
素材图片。

❶在工具箱中，单击"魔棒
工具"按钮 ，在人物后方
的背景上单击。

❷单击选项栏中的"添加到
选区"按钮 ，继续在背景
上单击，选中背景区域。

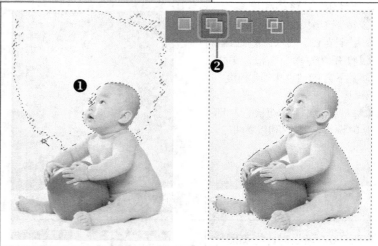

STEP 02　调整选区

❶选择"快速选择工具"，
单击"从选区中减去"按钮
 。

❷在创建的选区上单击，减
小选区范围。

❸连续单击，沿小朋友脸部
轮廓创建选区。

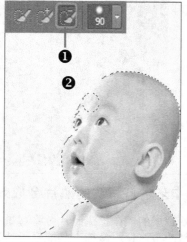
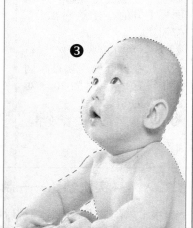

STEP 03　反选图像

❶ 设置完选区后，在图像窗口中显示设置的选区。

❷ 执行"选择>反向"菜单命令。

❸ 对选区进行反向操作，选中画面中的小朋友图像。

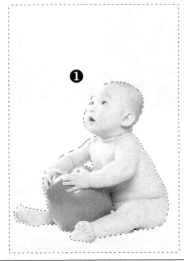

全部(A)	Ctrl+A
取消选择(D)	Ctrl+D
重新选择(E)	Shift+Ctrl+D
反向(I)	Shift+Ctrl+I
所有图层(L)	Alt+Ctrl+A
取消选择图层(S)	
查找图层	Alt+Shift+Ctrl+F

STEP 04　调整选区

❶ 执行"选择>修改>羽化"菜单命令，打开"羽化选区"对话框，输入"羽化半径"为 1 像素。

❷ 单击"确定"按钮，对选区进行羽化操作。

❸ 选中"背景"图层，按下快捷键 Ctrl+J，复制选区内的图像，得到"图层 1"图层。

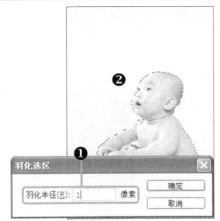

羽化选区

羽化半径(R)：1　　像素

确定　取消

STEP 05　更换背景

打开随书光盘\素材\09\06.jpg素材图片。

❶ 选择"移动工具"把打开的背景图像复制到人物图像上。

❷ 在"图层"面板中选中"图层 1"图层，执行"图层>排列>前移一层"菜单命令，移动图层。

❸ 在图像窗口中显示移动图层，查看更改图层顺序后的画面效果。

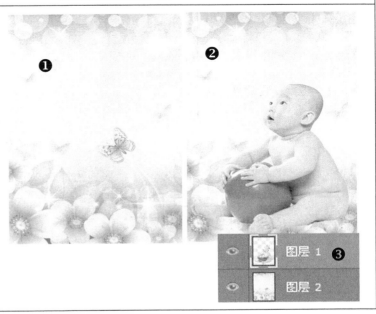

STEP 06 编辑图层蒙版

❶为"图层 2"图层添加图层蒙版。

❷选择"渐变工具",单击"从前景色到透明渐变"选项。

❸从图像左下角往上拖曳鼠标,填充渐变。

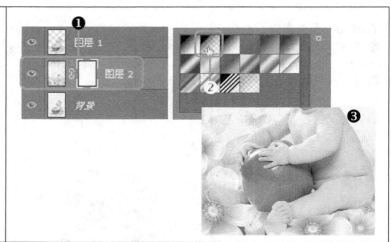

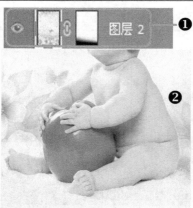

STEP 07 编辑图层蒙版

❶继续使用"渐变工具"对蒙版进行编辑。

❷编辑完成后,在图像窗口中显示填充渐变效果后的画面。

❸打开"字符"面板,在面板中对文字属性进行更改。

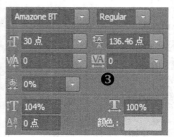

STEP 08 添加元素

❶在图像中输入文字,打开"图层样式"对话框,设置"描边"样式。

❷继续在对话框中设置"投影"样式。

❸对文字应用样式效果,并添加上更多文字。

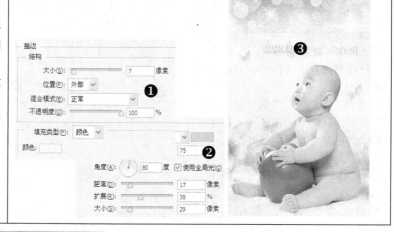

9.3 高级的照片合成技术

为了更好地完成数码照片的后期处理,使合成照片更加生动逼真,Photoshop CS6 还提供了更多的高级命令,其中"计算"命令和"应用图像"命令能更好地合成照片,得到高质量的特效图像。

9.3.1 "计算"命令

"计算"命令用于混合两个来自一个或多个源图像的单个通道，将结果应用到新图像或新通道中，执行"图像>计算"菜单命令，如图 9-23 所示，打开计算对话框，如图 9-24 所示。

图 9-23

图 9-24

❶　源

在"源"中选择需要混合的图像、图层、通道等，可在同一个或不同的文件中进行，但是需要两个文档有相同的大小，在源 1 中设置为背景，如图 9-25 所示；在源 2 中设置为图层 1，如图 9-26 所示。

图 9-25

图 9-26

在对话框中设置不同通道的混合通道，设置"背景"图层为源 1，通道为"绿"，设置"图层 2"图层为源 2，通道为"红"，如图 9-27 所示，计算为一个新的通道，计算后的效果如图 9-28 所示。

图 9-27

图 9-28

技巧	在混合模式选项中，"相加"混合模式只能用于"计算"命令，"减去"混合模式只能用
点拨	于"应用图像"命令和"计算"命令。

❷ 蒙版

勾选"蒙版"复选框，打开蒙版选项，如图 9-29 所示，可以选择任何颜色通道或 Alpha 通道以用作蒙版，也可使用基于现用选区或选中图层边界的蒙版。

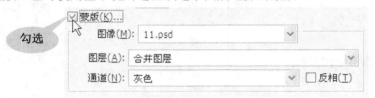

图 9-29

❸ 结果

单击"结果"下拉列表菜单，在菜单中包括"新建文档""新建通道""选区"三个选项，如图 9-30 所示，在结果中选中"选区"选项，计算结果以选区效果展示，如图 9-31 所示。

图 9-30　　　　　　　　　　　图 9-31

在结果中选中"新建通道"选项，计算结果将增加一个 Alpha 通道，如图 9-32 所示，在结果中选中"新建文档"选项，计算结果将新建文档。在通道面板中只有一个 Alpha 通道，如图 9-33 所示。

图 9-32　　　　　　　　　　　图 9-33

9.3.2 "应用图像"命令

使用"应用图像"命令，将一个图像的图层和通道（源）与现用图像（目标）的图层和通道混合，执行"图像>应用图像"菜单命令，如图 9-34 所示，打开"应用图像"对话框，如图 9-35 所示。

图 9-34   图 9-35

❶ 源

单击"源"选项右侧的倒三角形按钮，可以选择用于应用图像的源文件，如果在不同的图像中应用图像，则源文件必须与目标文件的尺寸相同，此时在"源"下拉列表中会显示多个源文件，如图 9-36 所示，如果是在同一文件中应用图像，则在"源"下拉列表中将只显示一个源文件，如图 9-37 所示。

图 9-36   图 9-37

❷ 图层

单击"图层"文本框中的下三角按钮，设置源图像需要混合的图层，如图 9-38 所示，图像中只有一个图层时则显示"背景"图层，如图 9-39 所示。

图 9-38   图 9-39

❸ 通道

单击"通道"文本框中的下三角按钮，选择需要混合的颜色通道，不同颜色模式的通道选项不同，图像色彩模式为 RGB，如图 9-40 所示，图像色彩模式为 Lab，如图 9-41 所示。

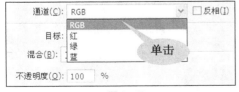

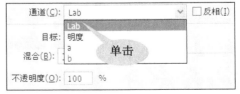

图 9-40   图 9-41

❹ 反向

勾选"反向"复选框，在计算中使用通道内容的负片，该选项对源图像和蒙版后的图像都是有效的。

❺ 目标

在目标后显示文档目标对象，包括文档名称和颜色模式。

❻ 混合

单击"混合"文本框中的下三角按钮，打开下拉列表菜单，在选项中选择需要的混合模式，在勾选"预览"复选框的情况下在图像窗口中查看效果，设置通道为"绿"，设置混合模式为"柔光"，效果如图 9-42 所示；设置混合模式为"正常"，效果如图 9-43 所示。

图 9-42   图 9-43

9.3.3 实例精练——合成图像为人像照片添加光斑

拍摄照片时抓住人物的表情很关键，人像摄影中，模特的表情能很好地感染观众，传达摄影师的想法，下面的照片中，透过女孩沉醉的表情来表现画面的主题意境，结合"计算"命令将照片与素材图片合成艺术图案的效果，充分体现画面的浪漫氛围。

原始图像　最终图像

操作难度：★★★
综合应用：★★
发散性思维：★★★

原始文件：随书光盘\素材\11\07.jpg\08.jpg
最终文件：随书光盘\源文件\11\合成图像为人像照片添加光斑.psd

STEP 01 查看图像

打开随书光盘\素材\09\07、08.jpg 素材图片。

❶执行"窗口>排列>双联垂直"菜单命令。

❷将图像转换为双联垂直，查看图像效果。

STEP 02　计算图像

❶选择 05 素材图像，按下快捷键 Ctrl+J，复制"背景"图层，得到"图层 1"图层。

❷执行"图像>计算"菜单命令，打开"计算"对话框，设置源 1 为 07，图层为合并图层，通道为红；源 2 为 08，图层为背景，通道为灰色，强光，单击"确定"按钮，应用图像效果。

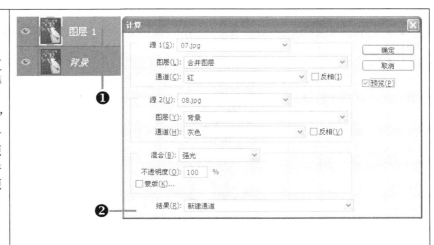

STEP 03　复制通道图像

❶切换至"通道"面板，在面板中显示通过应用图像得到的 Alpha1 通道。

❷按快捷键 Ctrl+A 进行选择全部操作，选中 Alpha1 通道，按快捷键 Ctrl+C 进行复制操作。

STEP 04　粘贴图像

❶在"图层"面板中，单击"创建新图层"按钮，在图层面板中创建新图层。

❷按快捷键 Ctrl+V 进行选择复制操作，将 Alpha1 通道粘贴到图层 2 中。

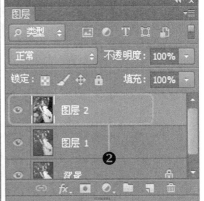

STEP 05 设置色彩平衡

❶ 新建"色彩平衡"调整图层，设置颜色值为-21、-3、+2。

❷ 选择"高光"色调，设置颜色值为+1、0、+3。

❸ 根据设置的"色彩平衡"选项，调整画面颜色。

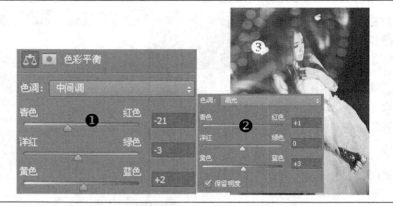

STEP 06 调整曲线

❶ 单击"调整"面板中的"曲线"按钮。

❷ 新建"曲线"调整图层，并在"属性"面板中选择"蓝"选项，运用鼠标拖曳曲线。

❸ 设置曲线后，在图像窗口中查看效果。

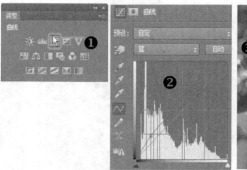

9.4 照片合成的典型应用

数码照片的合成效果除了要使用常用的抠图与合成照片的方法外，使用调整命令使两张图像照片的色彩与影调达到一致也是很有必要的，这样能更好地打造逼真的照片效果。

9.4.1 "调整"面板

在照片的合成应用中，颜色的调整是完成照片合成的必要操作，Photoshop 中，使用"属性"面板中的选项设置能够快速对照片进行明暗、色彩的调整。执行"窗口>调整"菜单命令，将打开如图 9-44 所示的"调整"面板，单击面板上方的调整按钮，即可将"属性"面板打开，打开后的属性面板如图 9-45 所示。

图 9-44

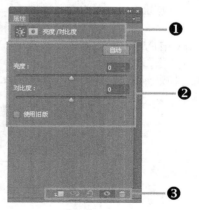

图 9-45

❶　切换选项和蒙版

　　在"属性"面板中可以在调整图层设置选项和蒙版选项中进行切换操作，当在图像中创建调整图层后，在"属性"面板中将会显示对应的调整选项参数，并显示出调整图层的名称，用户可单击"属性"面板上的"蒙版"按钮，切换至"蒙版"设置选项，如图 9-46 所示，切换选项后再次单击调整图层名称，将会再次选中调整图层选项，如图 9-47 所示。

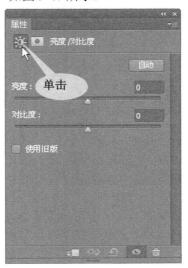

图 9-46　　　　　　　　　　　　　　　　　　图 9-47

❷　设置选项

　　在调整图层设置选项下，显示了当前创建的调整图层设置选项或蒙版的设置选区，创建不同的调整图层时，在"属性"面板中显示的选项也不相同。创建"曝光度"调整图层后，显示选项如图 9-48 所示；创建"通道混合器"调整图层后，显示选项如图 9-49 所示；创建"可选颜色"调整图层后，显示选项如图 9-50 所示。

图 9-48　　　　　　　　　图 9-49　　　　　　　　　图 9-50

❸　面板按钮

　　用于对"属性"面板进行显示设置，单击第 1 个按钮，可把调整图层效果应用到所有图层上，即创建剪贴图层效果；单击第 2 个按钮，可以查看上一调整图层状态；单击第 3 个按钮，可将调整面板中的选项设置复位到调整默认值；单击第 4 个按钮，切换图层可见性；单击第 5 个按钮，可以删除调整图层。

9.4.2 "矢量蒙版"

矢量蒙版是非破坏性的，可以返回并重新编辑蒙版，而不会丢失蒙版隐藏的像素。在"图层"面板中，矢量蒙版显示为图层缩览图右边的附加缩览图，如图 9-51 所示；矢量蒙版缩览图代表从图层内容中剪下来的路径，使用钢笔或形状工具创建矢量蒙版，如图 9-52 所示。

图 9-51

图 9-52

将素材图片拖曳至照片中，如图 9-53 所示，执行"图层>矢量蒙版"菜单命令，打开下拉列表菜单查看选择选项，创建矢量蒙版，如图 9-54 所示。

图 9-53

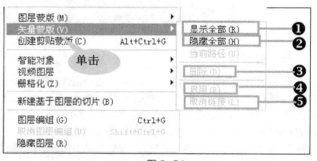

图 9-54

❶ **显示全部**

执行"图层>矢量蒙版>显示全部"菜单命令，在"图层"面板中，为"图层 1"图层创建矢量蒙版，如图 9-55 所示，在工具箱中单击"钢笔工具"按钮，在图像中创建路径，如图 9-56 所示。

图 9-55

图 9-56

❷　**隐藏全部**

　　执行"图层>矢量蒙版>隐藏全部"菜单命令，或按下 Ctrl 键单击"图层"面板底部的"添加图层蒙版"按钮，在"图层"面板中，"图层 1"图层再次创建一个黑色矢量蒙版，如图 9-57 所示，素材图像被隐藏，如图 9-58 所示。

图 9-57

图 9-58

❸　**删除**

　　执行"图层>矢量蒙版>删除"菜单命令，如图 9-59 所示，在"图层"面板中，"图层 1"图层中创建的矢量蒙版将被删除，图像被还原，如图 9-60 所示。

图 9-59

图 9-60

❹　**启用**

　　右击添加矢量蒙版的图层，在打开的快捷菜单下执行"停用"命令，停用矢量蒙版，如图 9-61 所示，如需再次启用矢量蒙版，右击添加矢量蒙版的图层，在打开的快捷菜单下执行"启用"命令，启用矢量蒙版，如图 9-62 所示。

图 9-61

图 9-62

❺ **取消链接**

执行"图层>矢量蒙版>取消链接"菜单命令，取消图层与蒙版的链接，如图 9-63 所示，执行"图层>矢量蒙版>链接"菜单命令，链接图层与蒙版，如图 9-64 所示。

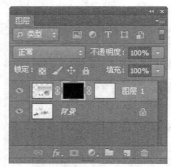

图 9-63 　　　　　　　　　　　图 9-64

9.4.3 实例精练——制作有趣的场景的合成效果

婚纱照记录下了人们最甜蜜、幸福的瞬间，在 Photoshop CS6 中使用矢量蒙版将拍摄到的婚纱照片合成到荷花图像上，再结合调整面板调整色彩，让人物与背景图像自然地融合在一起，打造浪漫的花中仙子。

操作难度：★★★
综合应用：★★★
发散性思维：★★★★

原始文件：随书光盘\素材\09\09.jpg\10.jpg、11.psd
最终文件：随书光盘\源文件\09\制作有趣的场景的合成效果.psd

STEP 01 添加矢量蒙版
打开随书光盘\素材\09\09.jpg素材图片。
打开随书光盘\素材\09\10.jpg素材图片。
❶选择"移动工具"，把人物复制到荷花图像上。
❷执行"图层>矢量蒙版>显示全部"菜单命令，在"图层"面板中，创建矢量蒙版。

STEP 02　绘制路径

❶ 选中添加的蒙版，在工具箱中单击"钢笔工具"按钮 ✐，在人物边缘上单击，绘制路径起点。

❷ 将鼠标移至画面中的另一位置单击，添加锚点，添加后隐藏路径外的人物图像。

❸ 选中添加蒙版的图像，执行"图层>矢量蒙版>停用"命令，停用矢量蒙版。

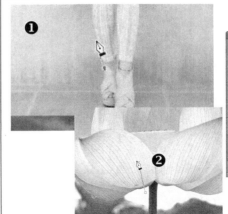

STEP 03　启用蒙版

❶ 选取"钢笔工具"继续沿人物轮廓边缘绘制工作路径。

❷ 绘制完成后，右击矢量蒙版，在打开的快捷菜单下执行"启用矢量蒙版"命令。

❸ 将停用的矢量蒙版再次启用。

STEP 04　调整色调

❶ 按住 Ctrl 键单击矢量蒙版，载入人物选区。

❷ 新建"色彩平衡"调整图层，在打开的"属性"面板中对颜色值进行设置，输入颜色值为+31、+11、+57。

❸ 返回图像窗口，查看到调整人像选区后的颜色。

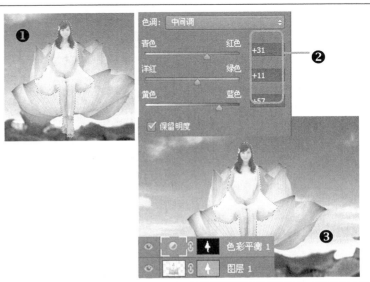

STEP 05 设置曲线

❶ 按住 Ctrl 键单击"色彩平衡 1"调整图层，载入人物选区，在该调整图层上方新建"曲线"调整图层，打开"属性"面板，选择"蓝"通道，用鼠标拖曳曲线。

❷ 在图像窗口中查看到调整曲线后的画面效果。

STEP 06 添加图层蒙版

❶ 复制"背景"图层，得到"背景副本"图层，将复制的副本图层移至最上方。

❷ 选中"背景副本"图层，单击"添加图层蒙版"按钮，添加蒙版，并将添加的蒙版填充为黑色。

❸ 将前景色设置为白色，运用画笔涂抹荷花，将一部分图像隐藏，选择"矩形选框工具"，在图像边缘绘制选区。

STEP 07 添加边框

❶ 新建"图层 2"图层，设置前景色为白色，按快捷键 Alt+Delete 进行快速填充操作。

❷ 打开随书光盘\素材\09\11.psd 文字素材。

❸ 将打开的文字复制至图像左上角。